新型职业农民科技培训教材

测土配方施肥技术

刘茂秋 曹华威 贺光华 主编

中国农业科学技术出版社

图书在版编目(CIP)数据

测土配方施肥技术 / 刘茂秋，曹华威，贺光华主编.
—北京 ：中国农业科学技术出版社，2014. 7
ISBN 978-7-5116-1710-1

Ⅰ. ①测… Ⅱ. ①刘… ②曹… ③贺… Ⅲ. ①土壤肥力—测定②施肥—配方 Ⅳ. ①S158. 2②S147. 2

中国版本图书馆 CIP 数据核字(2014)第 136045 号

责任编辑 崔改泵 贺可香
责任校对 贾晓红

出 版 者 中国农业科学技术出版社
北京市中关村南大街 12 号 邮编：100081
电 话 (010)82106624(发行部) (010)82109194(编辑室)
传 真 (010)82106624
网 址 http：//www. castp. cn
经 销 者 各地新华书店
印 刷 者 北京富泰印刷有限责任公司
开 本 850mm×1 168mm 1/32
印 张 5. 125
字 数 124 千字
版 次 2014 年 7 月第 1 版 2014 年 7 月第 1 次印刷
定 价 18. 00 元

《测土配方施肥技术》编委会

主　编　刘茂秋　曹华威　贺光华

副主编　王玉红　郭长现　王占伟

编　委　陈常清　张正一　廖汉斌

李　娟

目 录

第一章　测土配方施肥基础知识

近十几年来，我国农产品生产发生了巨大的变化，一是播种面积迅速扩大，种植结构发生了深刻改变，特别是设施栽培发展更为迅速。尽管如此，我国农产品生产经营状况仍然基础设施差，机械化水平低，产业化程度不高。目前主要是靠扩大种植面积来保市场、保消费。鉴于我国农田严重不足，今后不可能大幅度增加种植面积，那么发展的必然趋势只能是稳定现有种植面积，加强科技投入，加快实现经济增长方式由粗放型向集约型的转变。因此，加大标准化农产品建设的力度，用科学技术武装菜农和科技人员是提高蔬菜生产水平的重要措施，而菜田测土配方施肥又是建设标准化菜田的科技手段之一。

一、测土配方施肥的含义

测土配方施肥是蔬菜生产用肥技术上的一项革新，也是蔬菜产业发展的必然产物。

测土配方施肥就是综合运用现代农业科技成果，以土壤测试和肥料田间试验为基础，根据蔬菜作物需肥规律、土壤供肥性能和肥料效应，在合理施用有机肥料的前提下，提出氮、磷、钾及中、微量元素的适宜用量和比例、施用时期，以及相应的施肥技术。通俗地讲，就是在农业科技人员的指导下科学施用配方肥。测土配方施肥技术的核心是调节和解决蔬菜需肥和土壤供肥之间的矛盾。

二、测土配方施肥的基本内容

测土配方施肥来源于测土施肥和配方施肥。测土施肥是根据土壤中不同的养分含量和作物吸收量来确定施肥量的一种方法。测土施肥本身包括有配方施肥的内容，并且得到的“配方”更确切、更客观。配方施肥除了进行土壤养分测定外，还要根据大量田间试验获得肥料效应函数等，这是测土施肥所没有的内容。配方施肥和测土施肥具有共同的目的，只是侧重面有所不同，所以也概括称为测土配方施肥。“测土配方施肥”的基本内容包括土壤养分测定、施肥方案的制订和正确施用肥料三大部分。具体又可分为土壤养分测定、配方设计、肥料生产、正确施肥等技术要点。

三、测土配方施肥的技术要点

正确认识和牢固掌握测土配方施肥技术要点，对于开展配方施肥非常重要。测土配方施肥技术与大田作物基本相同，主要包括“测土、配方、配肥、供应、施肥指导”五个核心技术要点、九项重点内容。

1. 田间试验

田间试验是获得蔬菜最佳施肥量、施肥时期、施肥方法的主要途径，也是筛选和验证土壤测试技术、建立土壤测试配方施肥体系的基本环节。通过田间试验，不但要解释试验的结果，指导生产实践，而且还要摸清土壤供肥量、蔬菜各生育期的需肥量、土壤养分丰缺指标、土壤养分校正系数和肥料利用率等基本参数，为蔬菜施肥分区和肥料配方提供依据。

2. 土壤测试

土壤测试是制定肥料配方的重要依据之一，选择适合当地土壤、蔬菜生产的土壤测试项目和测试方法，对于测土配方施肥来说是相当重要的。通过学习和借鉴国外土壤测试的操作规程，建立适合我国测土配方施肥技术的标准操作规程势在必行。除了常规土壤农化分析外，中国农业科学院农业资源与农业区划研究所改进的“土壤养分综合系统评价法”、中国农业大学研究的“土壤、植株测试推荐施肥技术体系”、“Mehlich3法”等。其中，“Mehlich3 法”能适用于更大范围的土壤类型，能同时浸提和测定除了氮以外的多种土壤有效元素，此法有望成为土壤测试的通用方法。

3. 配方设计

肥料配方设计是测土配方施肥技术的核心。中国加入WTO 以来，蔬菜专用肥施用面积迅速扩大。在全国范围内通过总结田间试验、土壤测试、营养诊断等经验的基础上，根据不同区域蔬菜施肥分区、不同土壤肥力、不同气候等基础条件，研制相对应的蔬菜施肥配方。

4. 校正试验

为了保证肥料配方的准确性，最大限度地减少蔬菜配方肥料批量生产和大面积施用的风险，必须在每个施肥分区单元设置检验试验：①配方施肥；②菜农习惯施肥；③空白对照（不施肥）3 个处理，以当地主栽蔬菜品种为研究对象，检验配方施肥的效果，校正施肥参数，验证并完善蔬菜配方施肥方案。

5. 配方加工

配方能准确地落实到菜农的田间是提高和普及测土配方施肥技术的最关键的环节。目前，最具有市场前景的配方肥发展模式是科技化引导、市场化运作、工厂化加工、网络化营销。

6. 示范推广

为了促进测土配方施肥技术能真正落实到菜区农户的田间或棚室，既要保证技术服务及时到位，又要让菜农看到实效和得到实惠，必须创建测土配方施肥示范区，建立样板，全面展示测土配方施肥技术的效果。

7. 宣传培训

宣传培训是提高菜农科学施肥意识，改变盲目施肥旧习，是普及测土配方施肥技术的重要手段。结合当地实际情况，开展各种形式的技术培训，培养蔬菜产区基层科技骨干，及时向菜农传授测土配方施肥技术，同时还要加强对各级科技人员、肥料生产企业和营销商的系统培训，建立和健全蔬菜科技人员和肥料经销商持证上岗制度。

8. 效果评价

菜农是测土配方施肥技术的最终执行者和受益者，而蔬菜品质又直接影响蔬菜产品本身的商用价值。因此，在蔬菜测土配方施肥的实施过程中必须始终把产品和品质双重目标一起考虑。在对一定施肥区域进行动态调查的基础上，及时获得菜农生产情况、市场行情、食品检验等反馈信息，不断完善管理体系和技术服务体系。

9. 技术创新

技术创新是保证长期开展测土配方施肥工作的科技支撑。不断进行田间校验研究、土壤测试和田间营养诊断技术、肥料配方、数据处理与统计等方面的创新研究，促进蔬菜测土配方施肥与时俱进。

四、测土配方施肥的步骤

测土配方施肥主要包括三个过程：一是对土壤中的有效养分进行测试，了解土壤养分的含量情况，这就是测土；二是根据种植的作物预计要达到的目标产量及这种作物的需肥规律和土壤养分状况，确定需要的各种肥料及用量，这就是配方；三是把所需的各种肥料进行合理安排，做基肥、种肥、追肥及确定施用比例和施用技术，这就是施肥。

五、测土配方施肥过程、原则及目标

测土配方施肥必须遵循三个原则：一是有机与无机结合。实施配方施肥必须以有机肥为基础。土壤有机质是土壤肥沃程度的重要指标。增施有机肥可以增加土壤有机质含量，改善土壤理化生物性状，提高土壤保水保肥能力，增强土壤微生物的活性，促进化肥利用率的提高。因此，必须坚持多种形式的有机肥料投入，这样才能够培肥地力，实现农业可持续发展。二是大量、中量、微量元素配合。各种营养元素的配合是配方施肥的重要内容，随着产量的不断提高，在耕地高度集约利用的情况下，必须进一步强调氮、磷、钾肥的相互配合，并补充必要的中、微量元素，才能获得高产稳产。三是用地与养地相结合，投入与产出相平衡。要使作物—土壤—肥料形成物质和能量的良性循环，必须坚持用养结合，投入产出相平衡。否则，破坏或消耗了土壤肥力，就意味着降低了农业再生产的能力。

通过推广测土配方施肥技术，可实现五方面的目标：一是增产目标，即通过测土配方施肥措施使作物单产水平在原有基础上有所提高，在当前生产条件下，能最大限度地发挥作物的生产潜能；二是优质目标，即通过测土配方施肥均衡作物营养，使作物在农产品质量上得到改善；三是高效目标，即做到合理施肥、养分配比平衡、分配科学，提高肥料利用率，降低生产成本，增加施肥效益；四是环保目标，即通过测土配方施肥，减少肥料的挥发、流失等浪费，减轻对地下水硝酸盐的积累和面源污染，从而保护农业生态环境；五是改土目标，即通过有机肥和化肥的配合施用，实现耕地养分的投入产出平衡，在逐年提高单产的同时，使土壤肥力得到不断提高，达到培肥土壤、提高耕地综合生产能力的目的。

六、测土配方施肥的目的和意义

肥料及其科学施用技术是农业生产发展的重要技术支撑。化肥工业的发展和施肥技术的应用，对加快农业生产发展，确保农产品供给、促进农民增收发挥了重要作用。推广应用测土配方施肥技术，不但有利于在耕地面积减少、水资源约束趋紧、化肥价格居高不下、粮价上涨空间有限的条件下，促进增粮增收目标的实现，而且有利于加强以耕地产出能力为核心的农业综合生产能力的建设。搞好测土配方施肥，提高科学施肥水平，不仅是促进粮食稳定增产、农民持续增收的重大举措，也是节本增效、提高农产品质量的有力支撑，更是加强生态环境保护、促进农业持续发展的重要条件。推广应用测土配方施肥技术在当前解决我国“三农”问题中的作用主要表现在：提高肥料利用率，提高作物产量，改善农产品品质，培肥地力保障农业持续发展，保护环境，节支增收等。

（一）增加产量

提高作物产量、增加施肥效益是测土配方施肥首要目的。配方施肥增加产量有三种形式：①调肥增产。即在不增加化肥投资的前提下，调整化肥中氮、磷、钾及微肥的比例，纠正偏施，提高产量。②减肥增产。即在经济比较发达、以高肥换高产、施肥经济效益低的地区，适当减少某一肥料的用量，能取得增产或平产的效果。③增肥增产。即在化肥施用量水平很低或单施一种养分肥料的地区，农作物产量未达到最大利润施肥点或者土壤最小养分已成为限制作物产量提高的因子，适当提高肥料用量或配施某一养分元素肥料，即可大幅度增加作物产量。

（二）提高土壤肥力

矫正偏施、克服土壤障碍因子、提高土壤肥力是配方施肥的重要内容。配方施肥能培肥地力，维持土壤的持续生产力。配施微量元素能消除土壤障碍因子，克服生理病害。如油菜缺硼“花而不实”、棉花缺硼“蕾而不花”、水稻缺锌僵苗、玉米缺锌花白苗以及冬小麦缺钼黄化死苗等土壤养分不足导致的作物营养失调问题，均可通过施用相应肥料来解决。

（三）提高产品品质

根据土壤供肥能力和作物需肥特性来进行配方施肥，不仅能大幅度提高作物产量，而且能明显改善产品品质。大量的研究和生产实践表明，测土配方施肥能提高食品中矿物质含量；提高蔬菜、瓜果中维生素 C、可溶性糖的含量及其他营养物质含量，降低蔬菜硝酸盐含量；提高棉花衣分、绒长和铃重，减少蕾、铃脱落。

（四）提高资源利用效率

利用农作物肥料效应回归方程，可以比较不同作物、土壤的肥效，为区域间、作物间合理分配有限肥源提供确切的依据，对指导地区间、作物间肥料的分配具有重要的作用。指导轮作制度中肥料在各种作物上的分配。如油—稻—稻轮作制中，通过建立早稻、晚稻及油菜的肥料效应函数，提出肥料分配上强调“早稻磷、晚稻钾、油菜硼磷钾”技术。测土配方施肥技术的应用有利于农业资源综合利用能力建设，不断促进农业综合生产能力的提高。

（五）保护环境

测土配方施肥技术的推广应用能最大限度地满足作物对科学施肥技术的需求，降低生产成本，提高耕地质量，减少土壤和水源污染，实现农业可持续发展。

（六）保护农民利益

测土配方施肥技术的推广应用有利于进一步稳定和规范农资市场，能有效地遏制假劣肥料坑农害农现象的发生。

七、测土配方施肥的意义和现状

测土配方施肥不同于一般的“项目”或“工程”，它是一项长期的、基础的工作，是直接关系到农作物稳定增产、农民收入稳步增加、生态环境不断改善的一项“日常”性工作。测土配方施肥工作不仅仅是一项简单的技术工作，它是由一系列理论、方法、技术、推广模式等组成的体系，只有社会各有关方面都积极参与，各司其职，各尽所能，才能真正推进测土配方施肥工作的开展。农业技术推广体系单位要负责测土、配方、施肥指导等核心环节，建立技术推广平台；测土配肥试验站、肥料生产企业、肥料销售商等搞好配方肥料生产和供应服务，建立良好的生产和营销机制；科研教学单位要重点解决限制性技术或难题，不断提升和完善测土配方施肥技术。

从20世纪80年代开始示范推广测土配方施肥以来，经过大量的试验、示范及推广，形成了日趋成熟和完善的“测土—

配方—生产—供肥—技术指导”全方位一条龙系列化服务体系，取得了显著的经济、社会及生态效益。但由于人们普遍认为，“老技术年年搞，缺乏新意和创新”，最近几年投入越来越少，缺乏推广力度和资金支持，使该项技术推广进度缓慢。施肥结构不合理，施肥中“三重三轻”（重氮磷肥轻钾肥、重化肥轻有机肥、重大量元素轻微量元素）现象在较大范围内突出，导致化肥利用率和贡献率逐年降低。

第二章　测土配方施肥常用肥料

第一节　肥料基本知识

一、肥料的性质和分类

肥料是指以提供植物养分为其主要功效的物料，其作用不仅是供给作物以养分、提高产量和品质，还可以培肥地力、改良土壤，是农业生产的物质基础。

肥料按化学成分分：无机肥料、有机肥料；按元素种类分：氮肥、磷肥、钾肥等；按养分多少分：单质肥料、复合肥料等；按养分有效性分：速效肥料、缓效肥料、长效肥料；按肥料状态分：固体肥料、液体肥料、气态肥料；按化学性质分：生理碱性肥料、生理酸性肥料、生理中性肥料。

（一）有机肥料

这类肥料一般由动物、植物残体或排泄物组成，含有较多的有机质，需经分解后才能被植物利用，肥效迟缓但持久；所含养分元素的种类齐全但浓度低，可明显改善土壤的物理、化学以及生物学性质；体积大，在无害化处理以及运输与施用方面需要大量劳动力。

（二）无机肥料

无机肥料又名化学肥料，其生产中应用煤、石油、天然气等能源，以地壳中埋藏的矿物态养分元素或大气中的气态养分元素（如 N_2）作为原料，通过现代的化学生产工艺转变成简单形态的肥料。化学肥料多数是水溶性或弱酸性，能为植物直接吸收利用；能够改变或调控土壤中某种或数种营养元素的浓度；施入土壤后其养分形态也可能发生变化，而导致养分的有效性下降；化学肥料的加工、运输、贮藏和施用等有一定的要求。

（三）生物肥料

生物肥料是含有益微生物的菌剂，主要作用在于促进所接种微生物的繁殖，调整作物与微生物相互间关系，利用后者的活动或代谢产物，改善作物营养状况或抑制病害，从而获得增产。生物肥料含有高效活性菌株，要求有适宜的土壤环境；施用方法和时间等有严格要求。

二、主要化肥品种和性质

（一）氮肥

氮肥生产是我国化肥工业的重点，氮肥产量占化肥总产量的绝大部分。氮肥种类很多，大致可分为铵态氮肥、硝态氮肥、酰胺态氮肥和长效氮肥，其中尿素和碳酸氢铵为最常用品种。

1. 尿素

含 N 42%～46%，含氮较高，是固态肥料含 N 最高的单质氮肥。尿素［$CO(NH_2)_2$］是化学合成的有机小分子化合物。尿素为白色针状或棱柱状结晶，易溶于水，易吸湿，特别是在温度大于20℃、相对湿度80%时吸湿性更大。目前，在尿素生产中加入疏水物质制成颗粒状肥料，以降低其吸湿性。尿素制造过程中，温度过高，会产生缩二脲，尿素中缩二脲含量应小于2.0%。

2. 碳酸氢铵

碳酸氢铵含氮17%左右，是在氨水中通入CO_2，离心、干燥而成，其制造流程简单，能量消耗低，投资省，建设速度快。碳酸氢铵为白色细小的结晶，易溶于水，属速效性肥料；肥料水溶液pH值为8.2～8.4，呈碱性反应；碳酸氢铵化学性质不稳定，易分解挥发损失氨，尤其对热的稳定性差，高温下更易引起分解，所以应密封、阴凉干燥处保存。

施入土壤后，碳酸氢铵很快发生解离为均能被作物吸收利用的NH_4^+和HCO_3^-，不残留任何副成分，因此，长期施用不会给土壤带来任何影响。

（二）磷肥

磷肥按磷的有效性或溶解度不同分为水溶性磷肥，即肥料中的磷能被水溶解出来的磷肥，如过磷酸钙、重过磷酸钙等；弱酸溶性磷肥，即肥料中的磷素能被2%的柠檬酸或中性柠檬酸铵溶解出来，如钙镁磷肥；难溶性磷肥即肥料中的磷只能被强酸所溶解的磷肥，如磷矿粉。所有磷肥中过磷酸钙为最常用品种。

过磷酸钙，简称普钙。是酸制法磷肥的一种，是用硫酸分解磷灰石或磷矿石而制成的肥料。

1. 成分

过磷酸钙成品中含有效磷（以P_2O_5计）12%～20%。主要含磷化合物是水溶性磷酸一钙[$Ca(H_2PO_4)_2 \cdot 2H_2O$]，占肥料总量的30%～50%；难溶性硫酸钙[$CaSO_4 \cdot 2H_2O$]，占肥料总量的40%～45%；此外还含有3%～5%游离磷酸和硫酸。

2. 性质

过磷酸钙为灰白色、粉末状；呈酸性反应，有一定的吸湿性和腐蚀性；潮湿的条件下易吸湿、结块；过磷酸钙易发生磷酸的退化作用即过磷酸钙吸湿或遇到潮湿条件、放置过长，会引起多种化学反应，主要是指其中的硫酸铁、铝杂质与水溶性的磷酸一钙发生反应生成难溶性的磷酸铁、铝盐，降低了磷肥肥效的现象，因此，过磷酸钙含水量、游离酸含量都不宜超标，并且在贮存和运输过程中注意防潮，贮存时间也不宜过长。

(三)钾肥

1. 硫酸钾

硫酸钾主要是明矾石、钾镁矾为原料经煅烧加工而成的，为白色或淡黄色结晶；K_2O含量为50%～52%，易溶于水，对作物是速效的，吸湿性较小，不易结块，属化学中性、生理酸性肥料。

2. 氯化钾

氯化钾主要由光卤石($KCl \cdot MgCl_2 \cdot H_2O$)、钾石矿、盐卤($NaCl \cdot KCl$)加工而制成的，为白色或淡黄色、紫红色结晶，$K_2O$含量为60%，易溶于水，对作物是速效的，有一定吸湿性，长久贮存会结块，属化学中性、生理酸性肥料。

(四)复合(混)肥料

复合(混)肥料系指含有N、P、K三要素中两种或两种以上养分的化学肥料，有的国家也叫综合肥料或多养分肥料，有时在复合(混)肥料中除 N、P、K 以外亦可以含有一种或几种可标明含量的中微量营养元素。

含两种养分的复混肥料称为二元复混肥料，含三种养分的复混肥料称为三元复混肥料；除三种养分外，还含有微量元素的叫多元复混肥料；除养分外，还含有农药或生长素类物质叫多功能复混肥料。

复混肥料按养分浓度的不同又分为低浓度复混肥、中浓度复混肥、高浓度复混肥。

(五)微量元素肥料

微量元素肥料，简称微肥，是指含有微量元素养分的肥料，如硼肥、锰肥、铜肥、锌肥、钼肥、铁肥、氯肥等。微量元素肥料可以是含有一种微量元素的单纯化合物，也可以是含有多种微量和大量营养元素的复合肥料和混合肥料。微量元素肥料可用作基肥、种肥或喷施等。

三、新型肥料的特性与使用

随着施肥技术创新和无公害农业的发展，肥料投入结构发生较大变化，肥料新品种不断涌现。这些新肥料都顺应无公害的发展方向，具有广阔的发展前景。新型肥料的主要作用：能够直接或间接地为作物提供必需的营养成分；调节土壤酸碱度、改良土壤结构、改善土壤理化性质和生物学性质；调节或改善作物的生长机制；改善肥料品质和性质或能提高肥料的利用率等。

缓/控释肥料、生物肥料和有机复合肥料，是国际上当前和今后一个时期新型肥料研究和开发的热点领域，代表新型肥料的研究和发展方向。

（一）缓/控释肥料

长期以来，肥料工作者一直希望研制一种肥料，可以依据作物不同生长发育阶段对养分的需求规律，人为地控制养分释放速率，尽量减少氮素养分在土壤中的损失和磷钾在土壤中的固定，尽可能提高肥料利用率；满足现代农业的需求，省时、省力，对土壤和作物无污染。

缓/控释肥料最大的特点是养分释放与作物吸收同步，简化施肥技术，实现一次性施肥满足作物整个生长期的需要，肥料损失少，利用率高，环境友好。世界各国都逐步认识到，提高肥料利用率的最有效措施之一。20 世纪 80 年代以来，美国、日本、欧洲、以色列等发达国家和地区都将研究重点由科学施肥技术转向新型缓/控释肥料的研制，力求从改变化肥自身的特性来大幅度提高肥料的利用率。缓/控释肥料被誉为 21 世纪肥料产业的重要发展方向。

1. 缓/控释肥料的类型

由于氮肥最易损失，缓/控释肥料价格又较高，所以，多数以氮素为对象研制缓/控释肥料。目前，国际上出现的缓/控释肥主要有以下 3 种类型：含转化抑制剂类长效肥料、合成有机氮类缓释肥料、包膜（裹）型缓/控释肥料。

（1）含转化抑制剂类长效肥料　应用脲酶抑制剂和硝化抑制剂，减缓尿素的水解和对铵态氮的硝化—反硝化作用，从而减少肥料氮素的损失。

脲酶是在土壤中催化尿素分解成二氧化碳和氨的酶，对尿素在土壤中的转化具有重要作用。20 世纪 60 年代人们开始重视筛选土壤脲酶抑制剂的工作。研究品种有氢醌、N－丁基硫代磷酰三胺、邻-苯基磷酰二胺、硫代磷酰三胺等。

硝化抑制剂与氮肥混合施用，阻止铵的硝化和反硝化作用，减少氮素以硝态和气态氮形态损失，提高氮肥利用率。国外20世纪50年代开始研制硝化抑制剂，研究的主要产品有吡啶、嘧啶、硫脲、噻唑等的衍生物，以及六氯乙烷、双氰胺等。

由于铵态氮肥本身也可以快速被植物吸收利用。它本身不能延缓肥料的养分释放更不能控制肥料的养分释放，因此，也有人认为这类肥料不能称为缓/控释肥料，常称之为稳定态氮肥或者长效肥料。

(2)有机合成微溶态缓释肥料　是目前国外市场较为流行的控缓释肥料品种，以化学合成方式合成有机或无机肥料，使其在水中的溶解度降低，在土壤、水或微生物的作用下，缓慢降解，释放出养分，释放速度由肥料的颗粒大小和土壤微生物活性决定。此类产品主要有脲甲醛、异丁叉二脲、丁烯叉二脲、草酰铵、磷酸镁铵等。该类肥料的养分释放缓慢，能够有效地提高肥料利用率，但是，养分释放速度受到土壤水分、pH值、微生物等各种因素的影响，不能人为较好地控制肥料养分释放速度，肥料成本也较高。

(3)包膜(裹)类缓/控释肥料

①无机矿物包衣：包衣材料广泛，如一些无机矿物、磷钾肥、固体废弃物等都可作为包衣材料。包衣率为20%～60%，应是包裹肥料。优点：包衣工艺简单，成本较低，包衣材料来源广泛，包衣材料可能有其他营养成分或作用。缺点：养分释放较快，特别在水田或淋溶较严重地区，缓释和控释效果较差。

②硫包衣：是目前国外市场较为流行的控缓释肥料品种，设备要求较高，工艺较复杂，有利于缺硫土壤，控释效果不如

树脂包衣。

③聚烯烃树脂包衣（树脂包衣）：是目前国外市场较为流行的控缓释肥料品种。控释效果较好，控释时间最长可达3年。包衣率为6%～15%，一般提高当季利用率30%～40%。优点：控释缓释效果显著，肥料养分利用率较高，可一次施肥，可与磷肥混合储存，不吸潮板结。缺点：对加工设备要求较高，工艺复杂，成本较高，但有废旧材料可以利用。该类肥料是国际上发展最快的缓/控释肥料品种之一。

2．缓/控释肥料施用特点

通常缓释/控释肥可比普通氮肥利用率提高10%～30%。减少施肥量15%～20%，节省施肥用工25%以上，肥效期延长90～120天，基本上能满足我国南北方农作物在整个生长期对养分的需求。通过大量的室内和田间试验，表明所制作的多种控释肥品种在水中和土壤中的控释时间和释放模式已达到了可控释放的具体要求和标准。其释放速率主要受温度和水分条件的控制，并可根据不同作物的需要进行释放高峰和施肥时间的调整。在多种作物上的盆栽和田间试验均已表明，可提高氮肥利用率30%～50%。在作物相同产量的情况下可以减少33%～50%的肥料施用量。实现作物一次性施肥不用追肥，简化了农业种植和耕作方式，经济效益高，省工省时，农业劳动生产效率得到更大的提高，还减少了挥发、淋失及反硝化作用，减少了施肥对环境造成的污染。

缓/控释肥料施用特点主要是：①当年农作物可一次性施肥，不必追肥；②可与作物进行接触施肥，不烧苗，大幅提高肥料利用率（水稻育秧）；③最好用于高湿热地区，用于需肥时期较长作物；④用于肥力水平较低，漏水漏肥严重地区，可拉开与普通肥料差距；⑤用于不同条件地区和作物时，选用不同释放时间和配比的肥料；⑥根据肥料和作物的生育特性，采用不同耕作和施肥方式，提高肥料利用率；⑦包衣尿素与磷钾肥料掺混，不会发生潮解现象，易于保存。

3. 缓/控释肥料的应用

目前，世界缓释和控释肥的消耗总量约 65 万吨/年，美国是最大的消费国，约占世界总用量的 70%，日本和欧洲各占 15%左右。在日本，大多数控释和缓释肥用在农业上，主要是种植蔬菜、水稻和水果，仅一小部分用于草坪和观赏园艺。在美国和欧洲，约占总量的 90%是用于高尔夫球场、苗圃、专业草坪和景观园艺，仅有 10%用于农业，如蔬菜、瓜果、草莓、柑橘和其他水果上。用在农业上的大多数是包膜控释肥（占 65%～75%），聚合物包膜控释肥的应用有明显稳定增长的趋势。我国控释肥的研究和开发尚处在起步阶段，近年来国内有多所大学和科研院所承担了国家和地方的控释肥研制课题，已有研究单位从国外引进了制作设备，研制出适合玉米、水稻等不同作物需要的控释肥系列新产品。

（二）有机复合肥料

有机复合肥料是在充分腐熟、发酵好的有机物中加入一定比例的化肥，充分混匀并经工艺造粒而成的复混肥料。主要功能成分为有机物、氮磷钾养分。一般有机物含量 20%以上，氮磷钾总养分 20%以上。由于它能同时提供有机养分和无机养分，肥效速缓相济，优势互补，能减少无机养分的固定和淋失，提高化肥利用率，有利于土壤改良，提高农产品的品质及产量，减轻环境污染。解决了现有农田因使用化学物质后，土壤的自然肥力随着每年连续施用化学物质而显著下降，导致每年为保持高产而必须逐渐加大化学肥料的施用量，从而保证我国农业可持续发展。目前，有机复合肥料广泛用于果、菜等经济作物和保护地栽培。

（三）微生物肥料

微生物肥料是指含有活性微生物的特定制品，应用于农业生产中，能够获得特定的肥料效应。在这种效应的产生中，制品中的活性微生物起关键作用，符合上述规定的制品属微生物肥料。将微生物肥料用在种子、土壤上，可增进土壤肥力，协助植物吸收营养，增强植物抗病及抗旱能力，节约能源，降低生产成本，减少环境污染。

微生物肥料的种类很多，按制品中特定的微生物种类分为细菌肥料（根瘤菌肥料、固氮菌肥料）、放线菌肥料（如抗生菌类）、真菌肥料（如菌根真菌）等；按其作用机理分为根瘤菌肥料、固氮菌肥料、磷细菌肥料、硅酸盐细菌肥料等；按其制品内含有的微生物种类分为单纯微生物肥料。

根瘤菌肥料是指用于豆科作物接种，使豆科作物结瘤、固氮的接种剂。使用方法多为拌种，即在豆科作物种植之前将根瘤菌肥拌在种子上以促进共生固氮，达到增产的目的。

固氮菌肥料是以能够自由生活的固氮的微生物肥料为菌种生产出来的固氮菌肥料。固氮菌适用于各种作物，特别是禾本科作物和蔬菜中的叶菜类作物，可做基肥、追肥和种肥。与有机肥、磷肥、钾肥及微量元素肥料配合施用，对固氮菌的活性有促进作用。

磷细菌肥料是能把土壤中难溶性的磷转化为作物能利用的有效磷素营养，又能分泌激素刺激作物生长的活体微生物制品。磷细菌肥可以用做基肥、追肥和种肥（浸种、拌种），具体施用量以产品说明为准。

硅酸盐细菌肥料是指在土壤中通过硅酸盐细菌的生命活

动，增加植物营养元素的供应量，刺激作物生长，抑制有害微生物活动，对作物有一定的增产效果的微生物制品。硅酸盐细菌肥可以做基肥、追肥和拌种或蘸根用。

复合(或复混)微生物肥料是为了提高接种效果或显示接种效果，将两种或两种以上的微生物或一种微生物与其他营养物质复配而成的制品。

四、肥料与农业生产

肥料对农业生产的贡献，也可以简单地理解为：如果不使用肥料，粮食的产量有可能减少将近一半左右，肥料对农业生产的意义是举足轻重的，因此，肥料被称为“粮食中的粮食”。肥料是农业生产的基础，是重要的农业生产资料。

肥料对农业生产的影响主要包括以下几个方面。

1. 肥料的产量对农业生产的影响，肥料的充足供应是农业生产的基本保证，因此，有计划地安排肥料生产是国家农业宏观经济调控的一项主要内容。

2. 肥料的质量对农业生产的影响，低质量的肥料会造成农作物的产量降低和土壤结构的破坏。

3. 肥料对农产品的质量和品质的影响，科学施用肥料可以提高农作物的品质，提高农产品的销售价格，比如，钾肥的合理使用，中、微量元素肥料的合理使用，可以使农作物果实的口感更好并可延长储存时间。

4. 合理施肥与否会对农业生产的效益产生影响，不合理使用肥料，比如，肥料品种选择得不正确或者过量施肥，不但增加了农民的投入，还会使农产品的产量和商品价值下降，进而影响农民的收入。

5. 农民的施肥技术会对肥效产生影响，比如，粗放的施肥方式(撒施、施肥深度和位置不正确，无水条件施肥，错过合理施肥时间等)会影响肥料的利用率，进而影响作物的产量和品质，影响农民的种植性收益。

所以，化肥供应的数量、价格以及品种对农业生产的稳定性起着至关重要的作用，直接影响农产品的产量和品质以及农民的经济效益和收入，进而影响到国家粮食战略的安全。

第二节　肥料的质量及购买

一、化肥商品的质量标准

(一)化肥商品质量标准的概念

化肥商品质量标准，是对于化肥商品的质量和有关质量的各方面(品种、规格、检验方法等)所规定的衡量准则，是化肥商品学研究的重要内容之一。

(二)化肥质量标准的基本内容

我国化肥商品质量标准通常是由下列几部分组成：

1. 说明质量标准所适用的对象

2. 规定商品的质量指标和各级商品的具体要求

化肥商品质量标准和对各类各级商品的具体要求，是商品标准的中心内容，是工业生产部门保证完成质量指标和商业部门做好商品采购、验收和供应工作的依据。掌握这些标准和要求，可以有效防止质量不合格的商品进入市场。化肥商品质量指标有以下几点具体内容：

①外形。品质好的化学肥料，如氮肥多为白色或浅色，松散、整齐的结晶或细粉末状，不结块，其颗粒大小因品种性质

而异。

②有效成分含量。凡三要素含量(接近理论值)愈高，品质愈好。通常氮素化肥以含氮(N)量计算；氨水则以含(NH_3)计算；磷肥则以含五氧化二磷(P_2O_5)计算；钾肥以含氧化钾(K_2O)计算。均以百分数来表示。

③游离酸。游离酸含量越少越好，应尽可能减少到最低限度。

④水分。化肥中含水愈少愈好。

⑤杂质。杂质必须严格控制，因杂质的存在，不仅降低有效成分，而且施用后易造成植物毒害。

对于各级化肥商品的具体要求，应当以一般生产水平为基础，以先进水平为方向。既不宜过高，也不宜过低。过高使生产企业难以完成生产任务，过低则阻碍先进生产技术的发展。

3. 规定取样办法和检验方法

化肥商品质量标准所规定取样办法的内容是：每批商品应抽检的百分率；取样的方法和数量；取样的用具；样品在检验前的处理和保存方法。

检验方法是对于检验每项指标所作的具体规定。其内容包括：每一项指标的含义；检验所用的仪器种类和规格；检验所用试剂的种类、规格和配制方法；检验的操作程序，注意事项和操作方法；检验结果的计算和数据等。

4. 规定化肥商品的包装和标志及保管和运输条件

在化肥商品质量标准中，对于化肥商品的包装和标志都有明确的规定，如包装的种类、形态和规格；包装的方法；每一包装内商品的重量；商品包装上的标志(品名、牌号、厂名、制造日期、重量等)。

关于运输和保管，在化肥商品标准中也都规定了重点要求，如湿度、温度、搬运和堆存方法、检查制度、保存期限等，以防止商品质量发生变化。

（三）化肥商品质量标准的分级

化肥商品质量标准依其适用范围，分为国家标准、部颁标准（专业标准）、企业标准三级。该三级标准制定的原则：部颁标准不得与国家标准相抵触；企业标准不得与国家标准和部颁标准相抵触。企业标准在很多情况下，它的某些指标可以超过国家标准和部颁标准，而使其产品具有独特的质量特点。

二、如何鉴别化肥的真与假

作为农资消费的主体，农民分辨假冒伪劣农资的能力很有限，使不法营销商有机可乘，因此整顿农资市场固然重要，而教农民掌握分辨假冒伪劣农资渠道，让农资打假成为农民主动、自觉的行为，形成长效机制，以堵住农资造假售假的渠道。针对化肥真与假的鉴别，消费者需要了解目前市场常见化肥的主要性质和特点；各种化肥产品的质量标准（部标或国标）；化肥的商品特征；简易的真伪鉴别方法。

（一）化肥包装

根据国家规定化肥包装袋分为多层袋和复合袋两种，多层袋外袋为塑料编织袋，内袋为高密度聚乙烯薄膜袋；复合袋为二合一或三合一袋（塑料编织袋/膜、塑料编织布/膜、塑料编织布/膜/牛皮纸、塑料编织布/牛皮纸等）。另外，口袋上缝口必须折边（卷边）缝合。

商标和肥料名称，一般都是大家比较熟悉的和国家规定的名称，如果有特殊用途如专用肥，在产品名称下标出。

养分含量，如尿素、碳酸氢铵等要标明单一养分的百分含量，如果肥料中加中量养分或微量元素，应单独标出，且不可计入总养分含量。当中量元素含量低于2%或微量元素低于0.02%时不得标出。复合肥料如16－20－8表示含N 16%、$P_2O_5$20%、K_2O 8%，如果没有特殊规定不能随意标上其他养分。

肥料标准：GB代表国标、QB代表企业标准、HB行业标准。

生产商信息，包括生产企业或经销商名称、生产地、联系电话等以便有问题直接联络。除以上外，还有产品质量合格证、生产许可证号、生产日期及其批号等一般都在肥料袋内。

(二)常用定性鉴别方法

1. 从形状和颜色上鉴别

①尿素：为白色或淡黄色，呈颗粒状、针状或棱柱状结晶。

②硫酸铵：为白色晶体。

③碳酸氢铵：呈白色或其他杂色粉末状或颗粒状结晶，个别厂家生产大颗粒球状碳酸氢铵。

④氯化铵：为白色或淡黄色结晶。

⑤硝酸铵：为白色粉状结晶或白色、淡黄色球状颗粒。

⑥过磷酸钙：为灰白色或浅肤色粉末。

⑦重过磷酸钙：为深灰色、灰白色颗粒或粉末状。

⑧钙镁磷肥：为灰褐色或暗绿色粉末。

⑨磷矿粉：为灰色、褐色或黄色细粉。

⑩硝酸磷肥：为灰白色颗粒。

⑪硫酸钾：为白色晶体或粉末。

⑫氯化钾：为白色或淡红色颗粒。

⑬磷酸一铵：为灰白色或深灰色颗粒。

⑭磷酸二铵：为白色或淡黄色颗粒。

2. 从气味上鉴别

有明显刺鼻氨味的细粒是碳酸氢铵；有酸味的细粉是重过磷酸钙。如果过磷酸钙有很刺鼻的怪酸味，则说明生产过程中很可能使用了废硫酸，这种劣质化肥有很大的毒性，极易损伤或烧死作物。

3. 加水溶解鉴别法

取化肥1克，放入干净的玻璃管(或玻璃杯、白瓷碗)中，加入10毫克蒸馏水(或干净的凉开水)，充分摇动，看其溶解的情况，全部溶解的是氮肥或钾肥；溶于水但有残渣的是过磷酸钙；溶于水无残渣或残渣很少的是重过磷酸钙；溶于水但有较大氨味的是碳酸氢铵。

4. 灼烧鉴别法

取一小勺化肥放在烧红的木炭上，使剧烈燃烧，仔细观察，冒烟起火，有氨味的是硝酸铵；爆响，无氨味的是氯化钾；无剧烈反应，有氨味的是尿素和氯化铵。

5. 化验定性鉴定

鉴别过磷酸钙和钙镁磷肥时，将两种肥料取出少许，溶于少量蒸馏水中，用pH广泛试纸鉴别，呈酸性的是过磷酸钙，呈中性的是钙镁磷肥。鉴别氯化钾或硫酸钾时，可加入5%氯化钡溶液，产生白色沉淀的为硫酸钾；加入1%硝酸银时，产生白色絮状物的为氯化钾。

三、怎样购买放心肥

（一）选择合法的经销商

1. 到合法的、正规的营销点购买（不买临时的、地摊的、串户的），购买时还要查看“证”和“照”。一般化肥销售商都会有工商局正规营业执照，没有营业执照的千万不能购买。

2. 货比三家（选择守信誉、重质量、有诚信的销售商作为自己选购肥料的主要渠道，避免上造假窝点的当）。

（二）选择合法的产品

1. 查看产品质量合格证书。

2. 选择经常使用的品牌，或者大品牌产品。

未听说过也没有使用过的品牌要慎重，如有条件可以上网查验产品和企业登记情况，上大型公司的网站查询或者拨打电话查询。

（三）检查包装和标识

1. 检查包装袋外观（如果包装袋已经破损或者字迹不清，建议不要购买，要提防旧袋子装假货）。

2. 认真查看包装袋上的各种标识是否完整。

（四）检查使用说明和注意事项

对于没用过的产品一定要向经销商索要产品使用说明和注意事项（尤其是第一次购买新品种时一定要索要，要问清用量和用法）。

（五）如何维护自己的权益

1. 农民朋友应组织起来，统一到可靠的经销点购买、统一检测（这样可以分摊费用以降低质量检测的平均成本，可以避免上当受骗）。

2. 最好整袋购买（如果散装购买需要记录购买的品牌和厂家联系电话）。

3. 千万不要忘记索要购货凭证。

4. 买回家以后应保留样品（保留的样品要包好，与原来的袋子放于一处，以保证纠纷时双方公认）。

5. 如果发现购买了假化肥要及时举报，（若发现所购肥料使用后有损害作物生长等异常现象，同时保护好现场并请技术人员调查分析，并整理好向肥料供应者索赔的有效证据，要及时向国家相关部门举报。

四、购买化肥应注意问题

（一）不可片面根据颜色判断化肥质量

仅凭颜色不能判断化肥真假和质量好坏，目前，很多生产商为了增加卖点，在产品上专门添加了着色剂，产品出现了各种各样的颜色。所以，购买化肥时不能简单依据颜色来判断，既不要专门购买好看的，也不要因为有的产品颜色特殊而不买，要以产品的质量证书为判断标准。

（二）不可过分依赖溶解性判断化肥质量

“溶解越快质量越好”这是很多人判断化肥质量的关键依据。但这句话并不完全正确，要视不同化肥品种区别对待，单质氮肥和钾肥，例如尿素、碳酸氢铵、硝酸铵、氯化钾和硫酸钾等产品容易溶解，一般在水中浸泡就可以全部溶解，但是单质磷肥中的过磷酸钙和钙镁磷肥却很难完全溶解。而复合肥是最复杂的产品，由于很多复合肥在造粒过程中喷加了一层防结剂，因此也不会完全溶解，往往会留下一个难以溶解的外壳。

高质量的复合肥一般具有缓效作用，溶解太快反而说明质量不好。

（三）全凭使用火烧法判断化肥质量不准确

用烟头或者在炭火上烧，能跳动、熔化或者冒烟的就是好肥料吗？由于氮肥中含有铵，火烧溶解会放出气体就像冒烟，而过磷酸钙、钙镁磷肥、氯化钾和硫酸钾就不会冒烟。由于氯化钾和硫酸钾中含有水分，火烧以后水分蒸发会使化肥颗粒跳动，但要看到化肥颗粒跳动必须用铁板来烧，用烟头是不容易看到的。有的复合肥中含有氮、磷、钾 3 种元素，由于含量不同，工艺不同，所以有的复合肥烧过以后会冒烟、跳动、熔解，而有的就不会，因为复合肥还有其他添加物。也有人认为二铵烧过以后会有汽油味，其实这是不对的。因此，化肥质量鉴别必须查证生产企业资格、产品检验证书，如果还有疑问需要到专门的检测机构如质量技术监督局、土肥站、农技推广站等部门检测才能知道化肥的真假。

（四）微生物肥料不能替代化肥

很多肥料厂商宣称使用微生物肥料可以不用化肥，这是不对的。微生物肥料不含有作物必需的氮、磷、钾等养分，大多是借助于肥料中微生物的生命活动活化土壤中有机态养分而把其中的氮、磷、钾元素释放出来。微生物肥料中的微生物需要和当地土壤中的微生物互补才能发挥作用，否则根本不能存活，更不容易发挥作用，并不是所有类型的土壤和作物都适合使用微生物肥料，而化肥只要保证合适的使用时期和施用量一般都会得到好的效果。

（五）正确认识 BB 肥

BB 肥是散装掺混肥料的英文缩写，它是将几种颗粒大小相近的单质肥料或复合肥料按一定的比例掺混而成的一种复混肥料。其最大特点是根据农户的土壤、作物特点就地配制和施用，针对性强。常用的基础肥料有磷酸一铵、磷酸二铵、重过磷酸钙、尿素、聚磷酸盐和氯化钾等高浓度肥料，一般不用硝酸铵、硫酸钾、普钙等。因溶解性好，做基肥宜表施，不宜施于过深土层；果、茶、菜等施用 BB 肥不宜撒施，宜条施和穴施。

第三节　化肥施用中的常见问题分析

一、化肥施入土壤是否都会使土地板结

化肥施用造成土壤板结是针对我国 20 世纪 50 年代一些地区大量使用硫酸铵而说的。目前我国常用的肥料如碳酸氢铵、尿素等单质氮肥施入土壤以后由于溶解速度快，作物吸收也快，基本无残留，再加上有机肥和化肥配合使用，不会造成土壤板结，可以放心使用。

二、“化肥施多了，地变‘馋’了”说法是否正确

有些农民朋友反映，化肥施多了，土地为什么变“馋”了。其实不是地变“馋”了，而是施肥过程中养分不平衡的缘故。例如，在供磷不足的情况下，偏施氮肥，氮磷养分不平衡，作物不能充分吸收氮素，因而出现增氮不增产的局面。正确的做法是找出土壤缺乏的主要养分，及时补充这些养分，走平衡施肥的道路。

三、一般复混肥是否能作冲施肥

冲施肥是最近新兴的一种肥料品种，一般将肥料溶解后随灌溉施用于土壤中，常用于设施栽培蔬菜、瓜果等。但选择复合肥作为冲施肥要注意两点：一是必须保证肥料养分基本上全部是水溶性的；二是冲施肥养分必须是高氮、高钾、低磷或无磷型的。一般复混肥中常常含有大量的磷养分，这些养分在冲施后常常由于溶解度低而存留于土壤表面，由于磷在土壤中的移动性很差，导致作物很难吸收利用，既污染了环境又造成浪费。

四、如何防治烧苗

肥料烧苗事故是经常发生的，出苗慢、苗弱、甚至不出苗等现象让农民以为使用了假肥料，掌握正确的使用方法就可以避免这些情况的发生。首先，要避免种肥选用不当造成的烧苗，一般硫酸铵和磷酸二铵可以作为种肥，尿素、碳酸氢铵和高塔复合肥等不宜作为种肥，因为这些化肥的氮素养分含量较高，容易烧苗。其次，使用种肥的时候应该考虑施肥的深度和与种子的距离，一般机播要掌握肥与种分管施下的原则，人工播种时应将化肥施种子以下 5～6 厘米。

五、植物营养诊断原理

(一)养分缺乏、适宜和毒害范围

在植物营养元素含量达到临界浓度之前是缺乏范围。

元素含量超过临界水平后，作物产量不在随元素含量的提高而上升，而在一定范围内维持最高水平，这一段称为适宜(或称丰富)范围。

随营养元素含量继续提高，超过适宜范围，就进入过剩(或毒害)范围。

(二)植物营养诊断中的一些概念

缺乏：有缺素症，施用该养分反应明显。

低量：无明显缺素症，施用该养分一般有反应。

足量：养分供应合适。

高量：养分富裕。

临界浓度：植株生长最早开始受到阻碍时的浓度。

六、作物大量元素缺乏症状

(一)缺氮症状

氮不足时植株生长矮小，分枝分蘖少，叶色变淡，呈浅绿或黄绿，尤其是基部叶片。因氮易从较老组织运输到幼嫩组织中再利用，缺氮首先从下部叶片开始黄化，逐渐扩展到上部叶片，黄叶脱落提早。缺氮株型也发生改变，瘦小、直立，茎秆细瘦，根量少、细长而色白。缺氮侧芽呈休眠状态或枯萎，花和果实少，成熟提早，产量、品质下降。

(二)缺磷症状

磷不足植株生长缓慢、矮小、苍老、茎细直立，分枝或分蘖较少，叶小，呈暗绿或灰绿色而无光泽，茎叶常因积累花青苷而带紫红色，根系发育差，易老化。由于磷易从较老组织运输到幼嫩组织中再利用，故缺磷症状从较老叶片开始向上扩展。缺磷植物的果实和种子少而小，成熟延迟产量和品质降低。轻度缺磷外表形态不易表现，不同作物症状表现有所差异。

(三)缺钾症状

钾不足时纤维素等细胞壁组成物质减少，厚壁细胞木质化程度较低，影响茎的强度，易倒伏。缺钾蛋白质合成受阻，氮代谢的正常进行被破坏，常引起腐胺积累，使叶片出现坏死斑点。因为钾在植株体中容易被再利用，所以新叶上症状后出现，症状首先从较老叶片上出现。缺钾一般表现为最初老叶叶尖及叶缘发黄，以后黄化部逐步向内伸展，同时叶缘变褐、焦枯、似灼烧，叶片出现褐斑。

(四)缺钙症状

钙直接与果实硬度有关，增加果实中的钙和磷可提高果实硬度。随着果实的膨大，如果钙的供应未增加，果实中的钙就被稀释了，大果中的钙减少了，这导致果肉中钙减少，果实硬度降低。因此缺钙果实内部腐烂，病害多，裂果多，保鲜期短。

七、作物微量元素缺乏症状

(一)缺锌症状

植物缺锌时，生长受抑制，尤其是节间生长严重受阻，并表现出叶片的脉间失绿或白化。生长素浓度降低，赤霉素含量明显减少。缺锌时叶绿体内膜系统易遭破坏，叶绿素形成受阻，因而植物常出现叶脉间失绿现象。典型症状：果树“小叶病”、“簇叶病”。

(二)缺铁症状

植物缺铁总是从幼叶开始，典型症状是叶片的叶脉间和细网组织中出现失绿症，叶片上叶脉深绿而脉间黄化，黄绿相间明显；严重缺铁时，叶片出现坏死斑点，并且逐渐枯死。植物的根系形态会出现明显的变化，如根的生长受阻、产生大量根毛等。

（三）缺钼症状

作物缺钼的共同特征是：生长不良、矮小、叶脉间失绿或叶片扭曲。缺钼主要发生在对钼敏感的作物上。因为钼在作物体内不容易转移，缺钼首先发生在幼嫩部分。

（四）缺硼症状

植物缺硼症状茎尖生长点生长受抑制，严重时枯萎，甚至死亡。老叶叶片变厚变脆、畸形，枝条节间短，出现木栓化现象。根的生长发育明显受阻，根短粗兼有褐色。生殖器官发育受阻，结实率低，果实小、畸形，导致种子和果实减产。

八、作物养分过量症状

作物氮素养分过量贪青晚熟，生长期延长，细胞壁薄，植株柔软，易受机械损伤(倒伏)和病害侵袭(大麦褐锈病、小麦赤霉病、水稻褐斑病)。大量施用氮肥还会降低果蔬品质和耐贮存性；棉花蕾铃稀少易脱落；甜菜块根产糖率下降；纤维作物产量减少，纤维品质降低。

供磷过多，植物呼吸作用加强，消耗大量糖分和能量，对植株生长产生不良影响；地上部与根系生长比例失调，在地上部生长受抑制的同时，根系非常发达，根量极多而粗短；施用磷肥过多还会诱发缺铁、锌、镁等养分。

微量元素中毒的症状多表现在成熟叶片的尖端和边缘，如铁中毒的症状表现为老叶上有褐色斑点。微量元素中毒隐蔽性很强。如植株含钼高达几百毫克/千克也不一定表现中毒，但超过 15 毫克/千克时，如用作饲料可使牲畜中毒。

九、植物氮素营养快速诊断法

（一）二苯胺法

随机采 30 个样株（玉米取功能叶 0.5 厘米叶脉），每 10 个为 1 组放在玻璃板上，加 2 滴二苯胺硫酸溶液，压上另一块玻璃板，挤压出汁并与试剂反应显蓝色，参照标准比色色阶得出植株体内 NO_3^- 含量的级别。取 30 个样本的色级加权平均值。

（二）反射仪法

反射仪是德国生产的一种适合田间条件下应用的仪器，该仪器体积小（19 厘米×8 厘米×2 厘米），携带方便。电池驱动。它利用光线反射原理来进行测定，仪器发射出的光线照在经过反应的试纸上，根据发射光和反射光的差异来确定硝酸盐的含量。

用该仪器配套的试纸，仪器直接显示测试结果。

（三）土壤 NO_3^- 田间快速测定诊断（美国玉米带采用）

反应剂类似硝酸试粉，比色用一个比色盘，颜色是连续的。浸提、过滤、显色、比色都在田间进行，所有设备都在一个小工作箱中。

（四）无损测试技术在植物营养诊断中的应用

肥料窗口法（Fertilizer Window）是大田中留出一块或几块微区，微区中的施肥水平比大田整体微少，当微区中出现缺氮、叶色变浅时，表明大田作物正处于缺氮的边缘，此时应及时追肥。

十、土壤溶液浓度过高使作物产生盐害

化学肥料大都是由各种不同的盐类组成，所以当它们施入

土壤后，就会增加土壤溶液中盐的浓度而产生不同大小的渗透压。如果因大量施用化肥而使土壤溶液的渗透压高于植物细胞质的渗透压，则细胞不但不能从土壤溶液中吸水，反而会将细胞质中的水分倒流进入土壤溶液，这就导致植物受害，通常把这种因土壤溶液盐浓度过高的受害现象称为“烧苗”或肥害。

不同作物的耐盐能力不同，施用同样的肥料，盐害的大小也不同。因此，在施肥时，特别在集中或大量施肥时，应该同时考虑肥料的盐害和作物的耐盐能力，以保证施肥的安全。

防止土壤盐渍化的主要措施，一是增施有机肥料。每年每亩施用优质腐熟有机肥 10～15 立方米或秸秆还田 1 000～1 200千克，提高土壤缓冲能力。二是每 2～3 年深耕深翻(40 厘米深)一次，打破犁底层，使土壤盐分适当扩散，提高作物根系吸收养分范围。三是禁止盐水浇地，灌溉用水含盐量要低，一般要求灌溉水电导率为 0.5～1.0 毫西门子/厘米，不能超过 1.5 毫西门子/厘米，否则易引起土壤盐渍化，又引起作物生长障碍，降低产品品质。四是严格控制化肥用量，特别是磷钾复合肥更能增加土壤盐分含量。五是作物生长后期，尽量不施肥或少施肥，减少土壤盐分积累。六是作物收获后应浇大水，排盐，洗盐。

十一、施用尿素和碳酸氢铵可能造成的不利影响

尿素施入土壤后，先经水解变成碳酸铵[$(NH_4)_2CO_3$]或碳酸氢铵(NH_4HCO_3)、氢氧化铵(NH_4OH)，它们在土壤中会进一步分解生成氨气(NH_3)，特别在石灰性等 pH 值较高的土壤中，如果氨气太多就会伤害种子、幼苗或根系。在我国北方石灰性土壤上曾经发生过较大面积因尿素产生的氨气危害而导致大面积严重缺苗的现象。

大量施用碳酸氢铵作肥料，同样存在着因碳酸氢铵分解产生氨气而伤害作物。在气候炎热的情况下，特别在作物已经封行或雨后进行追肥或在作物叶面有水珠时追肥均可灼伤叶片。

如果尿素中缩二脲含量过高（我国规定尿素一级品的缩二脲含量≤1%，二级品≤1.8%），也会伤害作物，在叶面施肥或施在种子附近时要特别注意。在作叶面肥时，尿素的缩二脲含量最好在0.25%以下，缩二脲中毒常表现为叶片发黄，有时水稻秧苗可出现白化现象；在柑橘、咖啡和菠萝上可出现叶子黄化和卷曲；玉米叶片脉间失绿，生长矮小，叶片伸展不开等症状。缩二脲在土壤中可以较快地被微生物分解，所以，在土施时，只要与种子有一定距离，一般不会产生伤害。

在高pH值的土壤上，或者因施尿素、碳酸氢铵而产生局部高pH值的情况下，由于土壤中硝化作用被抑制，有可能出现二氧化氮（NO_2）的积累，如浓度过高也可能对作物产生毒害。因此，在任何情况下，都不应将尿素和种子一起施用或直接接触种子。

十二、含氯肥料可能存在的有害作用

含氯肥料如氯化铵、氯化钾等对烟草作物品质的不利作用是人所共知的，如影响烟叶的色泽和燃烧性、易熄火、灰呈黑色等。一般说来，含氯肥料应避免在烟草、葡萄、薯类作物、莴苣等对氯敏感的作物上施用；但可在耐氯能力强的小麦、水稻上施用；另外，椰子和油棕需氯较多，施用含氯肥料有时会有好的作用。

十三、过量施肥的危害

过量的氮、磷特别是氮素向水体和大气迁移，已对水体和大气环境产生了多方面的影响与危害。

如氮、磷向封闭性或半封闭性的湖泊、水库或向某些流速低于1米/分钟的滞流性河流、河口海湾迁移，将使水库、海湾水域发生富营养化；氨气(NH_3)和二氧化氮(NO_2)浓度过高将影响饮用水质量并加速含氮气体，如一氧化二氮(N_2O)、一氧化氮(NO)、二氧化氮(NO_2)、氮气(N_2)和氨气(NH_3)向大气迁移，除氮气外，它们或直接参与温室效应，或参与大气化学反应，破坏臭氧层等。

第三章　测土配方施肥田间试验

一、测土配方施肥田间试验的目的

测土配方施肥田间试验是获得蔬菜作物最佳施肥量、施肥比例、施肥时期、施肥方法等最有效的途径，也是筛选和验证土壤养分测试方法、建立施肥配套体系的基本环节。通过田间肥效试验，不仅要解释试验的结果，而且还要指导生产实践，同时还能确定测土配方施肥中的多种基本参数，如蔬菜目标产量需肥量、土壤供肥量、肥料利用率、土壤养分校正系数等，从而为研制蔬菜专用肥料配方和构建高产高效施肥配套体系提供依据。

二、测土配方施肥田间试验设计

田间试验方案是根据试验目的拟订的一组试验处理的总称。根据所研究因素的多寡，可分为单因素试验和多因素试验。目前国内外应用较为广泛的肥料效应田间试验方案是“3414”完全设计方案和部分设计方案，它吸收了回归最优设计处理少、效率高的优点，是我国测土配方施肥推荐使用的田间试验方案。

(一)“3414”完全试验方案介绍

“3414”是指氮、磷、钾 3 个因素、4 个水平、14 个处理。

4 个水平的含义：0 水平指不施肥；2 水平指当地最佳施肥量的近似值；1 水平＝2 水平×0.5；3 水平＝2 水平×1.5（该水平为过量施肥水平）(表 3－1)。

表 3－1 “3414”试验方案处理

试验编号	处理	N	P	K
1	$N_0P_0K_0$	0	0	0
2	$N_0P_2K_2$	0	2	2
3	$N_1P_2K_2$	1	2	2
4	$N_2P_0K_2$	2	0	1
5	$N_2P_1K_2$	2	1	2
6	$N_2P_2K_2$	2	2	2
7	$N_2P_3K_2$	2	3	2
8	$N_2P_2K_0$	2	2	0
9	$N_2P_2K_1$	2	2	1
10	$N_2P_2K_3$	2	2	3
11	$N_3P_2K_2$	3	2	2
12	$N_1P_1K_2$	1	1	2
13	$N_1P_2K_1$	1	2	1
14	$N_2P_1K_1$	2	1	1

“3414”设计方案除了可应用 14 个处理进行氮、磷、钾三元二次肥料效应方程的拟合外，还可分别进行氮、磷、钾中任意二元或一元效应方程的拟合。例如：进行氮、磷二元效应方程拟合时，可选用处理 2～7、11、12，可求得在以 K_2 水平为基础的氮、磷二元二次效应方程；选用处理 2、3、6、11 可求得在 P_2K_2 水平为基础的氮肥效应方程；选用处理 4、5、6、7 可求得在 N_2K_2 水平为基础的磷肥效应方程；选用 6、8、9、10 可求得在 N_2P_2 水平为基础的钾肥效应方程。此外，通过处理 1，可以获得基础地力产量，即空白区产量。

（二）“3414”部分设计方案介绍

要试验氮、磷、钾中某一个或两个养分的效应，或因其他原因无法进行“3414”的完全实施方案时，可在其中选择相关处理，即“3414”的部分实施方案，从而既保证了测土配方施肥田间试验总体设计的完整性，又满足了不同施肥区域土壤养分的特点、不同试验目的、不同层次的具体要求。例如欲在山东省寿光蔬菜产区要重点检验氮、磷肥料效应时，可在钾肥作基肥的前提下，进行氮、磷二元肥料效应试验，但是应设置3次重复。与“3414”方案相对应的处理编号见表3-2，此方案也可分别建立氮、磷一元效应方程。

表3-2 氮、磷二元二次肥料试验与“3414”方案相对应的处理编号

“3414”方案处理编号	处理	N	P	K
1	$N_0P_0K_0$	0	0	0
2	$N_0P_2K_2$	0	2	2
3	$N_1P_2K_2$	1	2	2
4	$N_2P_0K_2$	2	0	2
5	$N_2P_1K_2$	2	1	2
6	$N_2P_2K_2$	2	2	2
7	$N_2P_3K_2$	2	3	2
11	$N_3P_2K_2$	3	2	2
12	$N_1P_1K_2$	1	1	2

在蔬菜生产中，由于菜田地块面积比较小，尤其是保护地面积一般不超过500平方米，因此，限制了试验处理数。针对有机肥和氮肥施用比较突出的环境问题，在露地蔬菜试验设计的基础上，可相应地减少处理数。为了取得菜田土壤养分供应量、蔬菜作物吸收养分量、菜田土壤养分丰缺指标等参数，一

般可把试验设计为5个处理：无肥区(CK)、无氮区(PK)、无磷区(NK)、无钾区(NP)、氮磷钾区(NPK)。这5个处理分别与“3414”完全方案中相对应的处理编号为1、2、4、8、6。如要获得有机肥料的效应，可增加有机肥料处理(M)(表3－3)；若检验某种中量元素或微量元素的效应，可在NPK基础上进行加与不加中(微)量元素处理的比较。方案中氮、磷、钾、有机肥料的用量应接近推荐的合理用量，保护地施肥处理一般不超过6个为宜，以氮素试验为主要目标，磷次之，钾最弱。

表3－3　氮磷钾肥及有机肥肥效试验设计方案

试验编号	试验内容	处理代码	M	N	P	K
1	无肥区	$M_0N_0P_0K_0$	—	0	0	0
2	有机肥区	$MN_0P_0K_0$	+	0	0	0
3	无氮区	$MN_0P_2K_2$	+	0	2	2
4	无磷区	$MN_2P_0K_2$	+	2	0	2
5	无钾区	$MN_2P_2K_0$	+	2	2	0
6	氮磷钾区	$MN_2P_2K_2$	+	2	2	2

注：M为施有机肥料处理；—为不施有机肥料处理；＋为施用有机肥，其中选择当地有代表性的有机肥种类及适合当地施肥量中等或中等偏下的水平。一般露地为30～45立方米/公顷，保护地为40～60立方米/公顷(对于禽粪类：10立方米/公顷折合10吨/公顷；对于堆肥等，根据比重不同，10立方米/公顷折合10～13吨/公顷)

三、田间试验设计方案的实施

(一)试验菜地的选择

对于基层科技人员来讲，往往喜欢选择交通便利的试验点和科技水平相对较高的菜农，但是，对于了解和掌握本菜区施肥的总体情况不利。因此，应特别强调在一定蔬菜生产区域内选点的随机性和代表性，试验点应覆盖高、中、低不同肥力的土壤，同时试验管理的可靠性也要得到保障。

为确保菜田测土配方施肥田间试验的质量，在试验地条件的选择上，特别强调以下几点：一是要有代表性。试验地块平坦整齐、土壤肥力均匀等能代表当地菜区土壤一般条件。二是要有利用记录档案。试验地块要有多年的土壤利用田间档案记录，以便了解试验地的肥力状况。尤其是对保护地蔬菜来说，在一个棚室内过去可能同时种植不同种类的蔬菜，会导致土壤肥力不匀，这就需要提前观察前茬作物生长情况来判断试验地肥力差异概况。三是要有高水平的管理技能。经营试验地的菜农科技意识比较强，有多年丰富的种菜管理经验及较高的文化和科技水平，便于田间试验数据的记录、保存和交流。

（二）供试肥料种类的选择

一般选择蔬菜生产中的常用肥料。一是养分含量稳定：如果做某种养分的梯度试验，应选用单质肥料，便于田间试验方案的实施；如果是在示范推广中，也可以考虑施用一些磷酸二铵、磷酸二氢钾等二元或 N、P_2O_5、K_2O 比例为 15∶15∶15、16∶16∶16 等三元复合肥；二是质量可靠，不含有害成分：一定要购买正规肥料公司生产并经过质量认证的肥料产品；同时最好在施用前重新分析成分含量，确保其不含影响蔬菜生长发育及其品质的有害成分，如菜类忌施含氯化肥。

（三）供试蔬菜品种的选择

测土配方施肥田间试验应明确供试蔬菜品种，首先要根据当地蔬菜生产的实际情况，一般宜选择当地最具代表性的主栽蔬菜品种或拟推广、引进的菜种进行田间试验（表 3－4）。

表 3-4 建议田间试验研究的蔬菜种类

蔬菜类别	种类	栽培方式
果菜类	番茄、黄瓜、茄子、甜椒	露地/保护地
叶菜类结球	大白菜、甘蓝、花椰菜	露地
不结球	生菜、菠菜	露地
根茎菜类	芹菜、胡萝卜、萝卜	露地

(四)试验地块的区划

在采集基础土壤样品之后，可进行整地、施肥、区划试验地、设置保护行等试验准备。小区面积：露地蔬菜小区面积一般为 20～50 平方米，如叶菜类密植蔬菜可小些，果菜类可大些；保护地蔬菜小区面积一般为 20～30 平方米，至少 5 行以上。小区宽度：叶菜类密植蔬菜不小于 3 米，果菜类不小于 4 米。

为保证试验的精度，减少人为因素、土壤肥力和气候的影响，田间试验一般设 3～4 个重复(或区组)。采用随机区组排列，区组内土壤肥力、地形等条件应相对一致，区组间允许有误差。

“3414”试验有 14 个处理，在露地栽培菜园中，寻找面积符合要求的试验地设置 3～4 次重复是可以的，但是，在保护地栽培中因棚室面积很小，试验小区增多将带来试验管理和实施的难度。因此，从测土配方施肥田间试验的要求来看，不一定需要在每一个试验点设置重复，可以通过多年(2～3 年)多点(最终 20～30 点)重复的办法。

(五)菜田田间试验记载与测试

田间试验结果记录具体内容和要求：

1. 试验地基本情况

①地址信息：省、县、乡、村、邮编、地块、菜农姓名；

位置信息：经度、纬度、海拔；②土壤分类信息：土类、亚类、土属、土种；③土壤信息：土壤质地（沙土、壤土、黏土）、土层厚度（>50 厘米、20～50 厘米、<20 厘米）和土壤障碍因素（易旱、易涝、盐害、碱害）。

2. 试验地养分测试

有机质、全氮、速效氮、有效磷、速效钾、有效中、微量元素、pH 值、土壤水分及其他土壤理化性状的测试。

3. 植株营养诊断

植株全量氮、磷、钾、钙、镁及硼、锌等营养元素的测试。

4. 气象因素的监测

多年平均及当年气温、降水、日照、湿度等气候数据。

5. 田间施肥情况调查

记录试验地前 1～2 茬作物施肥情况、肥料种类、来源、肥效、价格等。

6. 田间管理信息

灌水、中耕除草、病虫害防治等农艺管理措施。

7. 田间土壤和植株样品采集与制备及测试

见第四章与第五章。

四、试验数据的统计与分析

常规试验和回归试验的统计分析方法参见有关肥料效应鉴定田间试验技术规程（NY/T497－2002）。

第四章　测土配方施肥的方法与实施

第一节　测土配方施肥的方法

农业生产的实质是物质和能量的转换，要生产出多少农产品，就得为生产这些农产品提供必需的原料(物质和能量)。这种原料就是“养分”，即植物生长发育所必需的16种营养元素。当然并不是所有的营养元素都以肥料的形式提供，主要是氮、磷、钾三要素，大部分微量元素土壤都可以满足，只有土壤缺少某种微量元素，或某种作物对某一微量元素的需要特别敏感时，才有针对性地把这种微量元素列入肥料配方内。

一、养分平衡法

养分平衡法又称目标产量配方法，是根据作物计划产量需肥量与土壤供肥量之差估算施肥量的方法(图4-1)，本方法以“养分归还学说”为理论依据。该方法由著名的美国土壤化学家和测土科学施肥的创始人曲劳(Truog)于1960年在第七次国际土壤学会上首次提出，后由斯坦福(Standord)所发展，创立了养分平衡法计算施肥量的公式：

$$施肥量=\frac{目标产量所需养分总量-土壤供肥量}{肥料中养分的含量\times肥料利用率}$$

养分平衡法的核心内容是农作物在生长过程中所需要的养

分是由土壤和肥料两个方面供给的。“平衡”之意在于通过施肥补足土壤供应不能满足作物计划产量需要的那部分养分。通过调节作物养分的供需平衡，达到理想的目标产量。

养分平衡法的优点是概念清楚，容易理解和掌握。其缺点，一是土壤有效养分的测定值是一个相对值，它与作物养分吸收量之间不是完全的直线关系，用一个恒定的数值来校正土壤养分测定值，其合理性值得商榷；二是肥料利用率变化大，不同作物、不同肥力水平、不同管理措施都会影响肥料利用率；三是目标产量的确定没有客观的指标和方法。此方法有多项参数是估算和校正来的，因而使此方法的精确度受到影响。

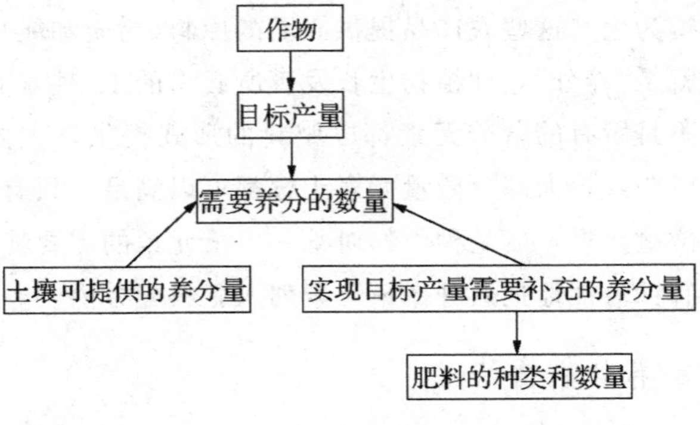

图 4－1　目标产量配方法示意图

二、作物需要吸收养分量（作物需肥量）

作物需要吸收养分量＝目标产量×作物单位经济产量养分吸收量

目标产量就是计划产量，它是根据土壤肥力水平来确定的，而不能凭主观愿望任定一个指标。可以当地前三年作物平均产量为基础，增加10％～15％作为目标产量。

作物单位经济产量养分吸收量，是指作物每形成一单位（如

100千克或1 000千克)经济产量(具有一定的经济价值)需要吸收养分的量。可用现成的科研成果进行计算，中国肥料信息网公布的各种果树每形成100千克经济产量所需养分的量见表4-1。

表4-1 几种果树形成100千克果实吸收的氮、磷、钾养分的数量

单位：千克/100千克(鲜重)

果树种类	氮(N)	磷(P_2O_5)	钾(K_2O)
柑橘	0.6	0.11	0.4
梨	0.47	0.23	0.48
柿子	0.59	0.14	0.54
葡萄	0.60	0.30	0.72
苹果	0.30	0.08	0.32
桃	0.48	0.20	0.76

不同种类蔬菜作物的需肥量差异也很大，马国瑞(2000)根据不同来源的资料统计了34种蔬菜作物氮、磷、钾的需求量(表4-2)。

表4-2 每1 000千克商品蔬菜所需氮、磷、钾养分数量

单位：千克/1 000千克(鲜重)

蔬菜种类	氮	磷	钾	蔬菜种类	氮	磷	钾
大白菜	1.8～2.6	0.4～0.5	2.7～3.1	豇豆	12.2	1.1	7.3
结球甘蓝	4.1～6.5	0.5～0.8	4.1～5.7	马铃薯	4.4～5.5	0.8～1.0	6.6～8.5
花椰菜	7.7～10.8	0.9～1.4	7.6～10.0	芋艿	4.8	0.5	2.9
叶用芥菜	1.6～2.5	0.1～0.2	1.7～2.5	生姜	6.3	0.6	9.3
茎用芥菜	5.4	0.6	4.6	萝卜	2.1～3.1	0.3～0.8	3.2～4.6
番茄	2.1～3.4	0.3～0.4	3.1～4.4	胡萝卜	2.4～4.3	0.3～0.7	4.7～9.7
辣椒	3.5～5.5	0.3～0.4	4.6～6.0	芹菜	1.8～2.0	0.3～0.4	3.2～3.3
茄子	2.6～3.0	0.3～0.4	2.6～4.6	莴苣	2.1	0.3	2.7
黄瓜	2.8～3.2	0.5～0.8	2.7～3.7	菠菜	2.5	0.4	4.4

续表

蔬菜种类	氮	磷	钾	蔬菜种类	氮	磷	钾
冬瓜	1.3～2.8	0.3～0.5	1.2～2.5	大蒜	4.5～5.0	0.5～0.6	3.4～3.9
西瓜	2.5～3.3	0.3～0.6	2.3～3.1	大葱	2.7～3.0	0.2～0.5	2.7～3.3
甜瓜	3.5	0.7	5.6	洋葱	2.0～2.4	0.3～0.4	3.1～3.4
南瓜	4.3～5.2	0.7～0.8	4.4～5.0	韭菜	5.0～6.0	0.8～1.0	5.1－6.5
苦瓜	5.3	0.8	5.7	竹笋	5.0～7.0	0.4～0.7	1.7～2.1
佛手瓜	24.4	2.0	14.1	草莓	6.0～10	1.1～1.7	大于8.3
菜豆	10.1	1.0	5.0	莲藕	6.0	1.0	3.8
豌豆	12～16	2.2～2.6	9.1～10.8	茭白	3.9	0.6	5.7

三、土壤可提供养分量（土壤供肥量）

土壤供肥量是指作物在生长期中从土壤中吸收的养分量，用土壤养分测定值来计算。

土壤供肥量＝土壤养分测定值（毫克/千克）×0.15×校正系数

式中，0.15为换算系数，即把1毫克/千克的速效养分，按每亩表土15万千克换算成每亩土壤养分量（千克/亩）。土壤中的养分并不能全部被作物吸收，校正系数是作物实际吸收养分量占土壤养分测定值的比值。

例如，测得土壤可供氮（碱解氮）为80毫克/千克，校正系数为0.8，则土壤供肥量为：

80×0.15×0.8＝9.6（千克）

如果施用有机肥料，则需要施用养分量的计算公式为：

需要施用养分量＝作物需要吸收养分量－土壤可提供养分量－有机肥料提供养分量

四、肥料施用量的确定

根据肥料中养分的含量和肥料利用率确定肥料的施用量。

$$肥料的施用量=\frac{需要施肥补充养分量}{肥料中养分的含量(\%)\times 肥料利用率(\%)}$$

肥料利用率是将营养元素换算成肥料用量的重要参数，施入土壤中的肥料，并不能全部被作物吸收利用，只有一部分被作物吸收利用。作物从肥料中吸收的养分占肥料中养分总量的比例(%)，即为肥料的利用率。肥料利用率的大小随作物和肥料种类、施用方法、土壤条件及栽培措施的不同有很大差异。目前我国氮肥的平均利用率为30%～45%，其中，碳酸氢铵为27%～30%，尿素为30%～35%，硫铵为35%～45%。磷肥的利用率较低，一般为10%～25%，钾肥利用率为40%～50%。

需要施肥补充养分量=目标产量所需要吸收养分量－土壤可提供养分量

例如，某葡萄园计划产葡萄3 500千克，已知需要氮为21.0千克，土壤可提供的氮为7.0千克，尿素的含氮量为46%，利用率按40%计算，则：

需要施肥补充养分的量(氮)=21.0－7.0=14.0(千克)

折算成尿素：14/(46%×40%)=76千克

第二节　测土配方施肥方案的制订与实施

一、测土配方施肥方案的制订

测土配方施肥是一项新的施肥技术，技术要求高，涉及的范围广，在方案的制订过程中应重点抓好以下几个环节。

(一)收集资料

收集资料是测土配方施肥的基本工作，只有掌握了各种资料和有关参数，才能确定适合当地情况的配方方法。各种配方方法所需要的资料很多，要尽量收集以备选用。收集的资料应包括：作物的种类和产量、施肥水平、施肥的种类和方法，同时取土壤样品进行分析化验。蔬菜配方施肥方案制订应收集的资料见表 4 - 3，果树配方施肥方案制订应收集的资料见表4 - 4。

表 4 - 3　蔬菜测土配方施肥方案制订应收集的资料

<table>
<tr><td colspan="2">农户：</td><td>地块：</td><td>地点：</td><td>面积：</td><td>设施种类：</td></tr>
<tr><td colspan="2" rowspan="4">轮作方式</td><td rowspan="2">第一茬</td><td colspan="2">蔬菜一</td><td rowspan="2">产量：</td></tr>
<tr><td>定植时间：</td><td>收获时间：</td></tr>
<tr><td rowspan="2">第二茬</td><td colspan="2">蔬菜二：</td><td rowspan="2">产量：</td></tr>
<tr><td>定植时间：</td><td>收获时间：</td></tr>
<tr><td rowspan="8">施肥情况</td><td rowspan="4">蔬菜一</td><td>肥料种类</td><td></td><td></td><td></td></tr>
<tr><td>数量</td><td></td><td></td><td></td></tr>
<tr><td>时期</td><td></td><td></td><td></td></tr>
<tr><td>方法</td><td></td><td></td><td></td></tr>
<tr><td rowspan="4">蔬菜二</td><td>肥料种类</td><td></td><td></td><td></td></tr>
<tr><td>数量</td><td></td><td></td><td></td></tr>
<tr><td>时期</td><td></td><td></td><td></td></tr>
<tr><td>方法</td><td></td><td></td><td></td></tr>
<tr><td colspan="2">取土时间</td><td colspan="4"></td></tr>
<tr><td colspan="2">计划种植蔬菜</td><td colspan="4"></td></tr>
<tr><td colspan="2">计划产量</td><td colspan="4"></td></tr>
</table>

表 4－4　果树测土配方施肥方案制订应收集的资料

农户：	地块：	地点：	面积：	株数：
果树种类：		树龄：	产量：	

施肥情况	肥料种类				
	数量				
	时期				
	方法				
取土时间					
计划产量					

（二）选择适宜的配方方法确定配方（施肥量）

可根据具体情况选择适宜的配方方法。配方方法可以一种方法为主，其他的方法为辅，互为补充、配合使用。同时还要根据中低产田改良、选用良种及土壤缺素条件的改善状况，对目标产量进行适当的修正。

（三）制订高产栽培的施肥技术

制订施肥技术是执行配方（施肥量）的一项重要措施，施肥技术应包括施肥的时期和施肥的方式等。

1. 施肥时期

施肥时期是指肥料应该在什么时间施用和各时期应分配多少肥料。大多数一年生或多年生作物的施肥时期分为基肥、种肥和追肥三种。各个时期施用的肥料有其独特的作用，但又不是孤立起作用，而是相互影响的。

(1)基肥习惯上又称为底肥，是指在播种或定植前结合土壤耕翻施入的肥料。对多年生作物，一般把秋冬季施入的肥料称为基肥。其目的在于培肥和改良土壤，同时又源源不断供给养分来满足作物营养连续性的需要。基肥施用一般以有机肥为主，配合施用化肥，化肥中的磷肥和大部分钾肥主要作基肥施用，小部分氮肥作基肥，因为氮肥容易随水流失。

(2)种肥是播种或定植时，施于种子或幼株附近，或与种子混播，或与幼株混施的肥料。其目的是为种子萌发和幼苗生长创造良好的营养条件和环境条件。

种肥应以腐熟的有机肥或速效肥为主，数量和品种应严格要求，防止烧苗或影响种子萌发。选择的化肥要酸碱度适宜，应对种子发芽无毒害作用。凡是浓度过大的肥料、pH 值过低过高(过酸过碱)或含有毒物质的肥料以及容易产生高温的肥料，均不宜作种肥施用。在墒情不足时，不能施用种肥。常用肥料中碳酸氢铵、硝酸铵、尿素、过磷酸钙、氯化钾等不宜作种肥，若要作种肥时，要做到不能与种子接触。对于微量元素一般都可作种肥，但硼肥与种子直接接触时，对种子萌发和幼苗生长有抑制作用，应特别注意。种肥用量不宜过大，要根据作物种类、土壤和气候条件确定。

(3)追肥在作物生长发育期间施用的肥料称为追肥。其目的是满足作物生长发育过程中某些特殊时期对养分的需求。主要是在作物生长发育比较旺盛的时期，对养分的需求迫切或需要量大，需要施肥予以补充。

追肥应掌握肥效要迅速，水肥要结合，根部施与叶面喷施相结合、需肥的关键时期施等原则。应选用速效化肥和腐熟的有机肥料。

基肥、种肥和追肥是施肥的三个重要环节，在生产实践中要灵活运用。确定施肥时期最基本的依据是作物不同生长发育时期对养分的需求和土壤的供肥性能。作物的营养临界期和最大效率期是作物需肥的关键时期，也是追肥的最佳时期。

2. 施肥方式

施肥方式是将肥料施入土壤和植株的途径与方法，常用的施肥方式主要有以下几种。

(1)撒施　将肥料均匀地撒在土壤表面的施肥方式。基肥撒施后结合土壤耕翻，可促使土肥相融，以充分发挥肥料在培肥土壤和改良土壤方面的作用。在密播作物上追施化学氮肥时，往往难以深施，可以采用撒施后结合灌水的方法，或结合降水施用，使肥料随水渗入土中。灌水结合追肥时，要控制灌溉水量，以防养分流失。撒施具有省工、简便等特点，对于易分解挥发的肥料不宜采用。

(2)条施　在肥料较少或为宽行条播作物时，最好将肥料集中条施在作物播种行一侧，以提高局部土壤中肥料的浓度并减少土壤的固定作用。即所谓“施肥一大片，不如一条线”。肥料用量较少和易挥发的肥料适宜采用此方法。

(3)环状施肥和放射状施肥　常用于果树。环状施肥是在树冠外围垂直的地面上，挖一环状沟，深、宽各30～60厘米，施肥后覆土踏实(图4-2)。放射状施肥是在距树木一定距离处，以树干为中心，向树冠外围挖4～8条放射状直沟，沟深、宽各50厘米，沟长与树冠相齐，肥料施在沟内，覆土后踏实(图4-3)。

(4)穴施　在作物生长期内按株或两株间开穴的施肥方式称为穴施。适用于穴播或稀疏的作物，是一种比条施更为集中的施用方法。有机肥和化肥都可采用穴施的施肥方法。

(5)根外追肥　根外追肥又称叶面施肥，是用肥少、收效快、肥效高的一种辅助性施肥措施。在作物生长最旺盛的时期和后期根部吸收能力减弱时进行根外追肥，可以及时补足根部吸收养料之不足。

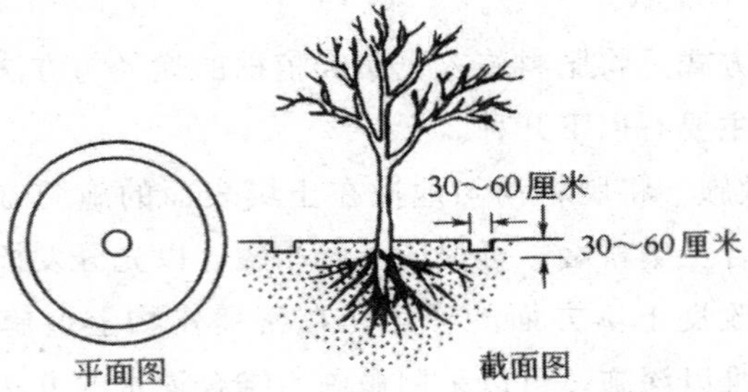

图4－2　环状施肥示意图

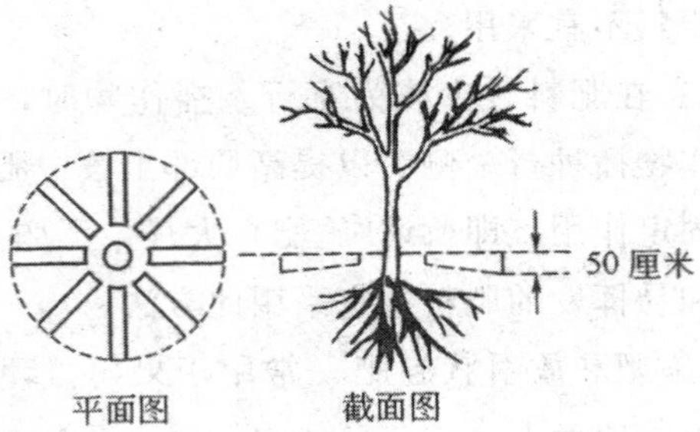

图4－3　放射状施肥示意图

(四)制作测土配方施肥建议卡

将制定好的配方施肥方案汇总在测土配方施肥建议卡上，指导农民将配方施肥方案付诸实施。蔬菜测土配方施肥建议卡见表4－5，果树测土配方施肥建议卡见表4－6。

表 4－5 蔬菜测土配方施肥建议卡

<table>
<tr><td colspan="2">农户：</td><td>地块：</td><td>地点：</td><td>面积：</td><td>设施种类：</td></tr>
<tr><td colspan="2" rowspan="2">土壤养分测定值
（毫克/千克）</td><td>碱解氮</td><td>速效磷</td><td>速效钾</td><td>pH 值</td></tr>
<tr><td></td><td></td><td></td><td></td></tr>
<tr><td colspan="2">建议补充养分量</td><td>氮(N)
（千克/亩）</td><td>磷(P_2O_5)
（千克/亩）</td><td>钾(K_2O)
（千克/亩）</td><td>有机肥
（千克/亩）</td></tr>
<tr><td rowspan="2">数量</td><td>蔬菜一</td><td></td><td></td><td></td><td></td></tr>
<tr><td>蔬菜二</td><td></td><td></td><td></td><td></td></tr>
<tr><td colspan="2">折算成化肥</td><td>尿素</td><td>磷酸二铵
或过磷酸钙</td><td>硫酸钾</td><td>（其他肥料）</td></tr>
<tr><td rowspan="2">数量</td><td>蔬菜一</td><td></td><td></td><td></td><td></td></tr>
<tr><td>蔬菜二</td><td></td><td></td><td></td><td></td></tr>
<tr><td colspan="2">施用说明</td><td colspan="4"></td></tr>
</table>

表 4－6 果树测土配方施肥建议卡

<table>
<tr><td>农户：</td><td>地块：</td><td>地点：</td><td>面积：</td><td>株数：</td></tr>
<tr><td rowspan="2">土壤养分测定值
（毫克/千克）</td><td>碱解氮</td><td>速效磷</td><td>速效钾</td><td>pH 值</td></tr>
<tr><td></td><td></td><td></td><td></td></tr>
<tr><td rowspan="2">建议补充
养分量</td><td>氮(N)
（千克/亩）</td><td>磷(P_2O_5)
（千克/亩）</td><td>钾(K_2O)
（千克/亩）</td><td>有机肥
（千克/亩）</td></tr>
<tr><td></td><td></td><td></td><td></td></tr>
<tr><td rowspan="2">折算成化肥</td><td>尿素</td><td>磷酸二铵或
过磷酸钙</td><td>硫酸钾</td><td>（其他肥料）</td></tr>
<tr><td></td><td></td><td></td><td></td></tr>
<tr><td>施用说明</td><td></td><td></td><td></td><td></td></tr>
</table>

二、测土配方施肥方案的实施

测土配方施肥方案的实施，即运用常规施肥技术将配方施肥方案具体布置到田间的过程。实施过程中应注意以下两方面的问题。

(一)测土配方施肥必须以施用有机肥为基础

有机肥和化肥各有优缺点，二者配合使用可互相取长补短，既保证作物所需营养元素的供应，又能培肥地力。在农业生产中，不能以化肥代替有机肥(只有无土栽培可用化肥配制营养液)。生产上有些短期速生蔬菜(绿叶类如小白菜)，可全部依靠施用无机氮素化肥，就能正常旺盛生长，这也是建立在原土壤是长期施用有机肥、培肥土壤肥力的基础上。在生产上确实有一茬大白菜施 150 千克碳酸铵，一茬黄瓜施 250 千克碳酸氢铵，能获得高产的个别情况，但这是极不合理的施肥，有待于通过配方施肥的推广应用，加以纠正。

(二)施肥量的调整

按测土配方施肥方法所确定的施肥量，是适合于正常栽培及正常气候，当落实到具体田块时，因某些生产条件的具体情况有所变化，所定施肥量有所调整，增加或减少 10%～20% 的施肥量是合理的。

三、蔬菜配方施肥方案制定实例

某农户提供的有关资料见表 4－7。

根据农户提供的有关资料，并对土壤进行分析化验，确定配方施肥方案，详见表 4－8 黄瓜—番茄测土配方施肥建议卡。

表 4－7　某农户提供的资料

<table>
<tr><td colspan="2">农户：
×××</td><td>地块：
2 号</td><td>地点：××市
××乡××村</td><td>面积 0.5 亩</td><td>设施种类：
大棚</td></tr>
<tr><td colspan="2" rowspan="4">轮作方式</td><td rowspan="2">第一茬：</td><td colspan="2">蔬菜一：黄瓜</td><td rowspan="2">产量：
4 000 千克</td></tr>
<tr><td>定植时间：
3 月中旬</td><td>定植时间：
7 月中旬</td></tr>
<tr><td rowspan="2">第二茬：</td><td colspan="2">蔬菜二：番茄</td><td rowspan="2">产量：
1 900 千克</td></tr>
<tr><td>定植时间：
7 月中旬</td><td>收获时间：
11 月下旬</td></tr>
<tr><td rowspan="8">施肥情况</td><td rowspan="4">蔬菜一</td><td>肥料种类</td><td>尿素(千克)</td><td>磷酸二铵(千克)</td><td>有机肥(千克)</td></tr>
<tr><td>数量</td><td>50.0</td><td>30.0</td><td>2 000</td></tr>
<tr><td>施肥时期</td><td>基肥(10 千克)追肥(40 千克，分 3 次)</td><td>基肥</td><td>基肥</td></tr>
<tr><td>方法</td><td>撒施结合灌水</td><td>撒施</td><td>撒施</td></tr>
<tr><td rowspan="4">蔬菜二</td><td>肥料种类</td><td>尿素(千克)</td><td>磷酸二铵(千克)</td><td>有机肥(千克)</td></tr>
<tr><td>数量</td><td>20.0</td><td>15.0</td><td>0</td></tr>
<tr><td>施肥时期</td><td>定植(10.0 千克)
追肥(10.0 千克)</td><td>定植(5.0 千克)
追肥(10.0 千克)</td><td>0</td></tr>
<tr><td>方法</td><td>穴施</td><td>穴施</td><td>0</td></tr>
<tr><td colspan="2">取土时间</td><td colspan="4">2003 年 1 月 5 日</td></tr>
<tr><td colspan="2">计划种植蔬菜</td><td colspan="4">黄瓜—番茄</td></tr>
<tr><td colspan="2">计划产量</td><td colspan="4">4 800—2 500 千克</td></tr>
</table>

表 4-8　黄瓜—番茄测土配方施肥建议卡

农户：×××		地块：2号	地点：××市××乡××村	面积：0.5亩	设施种类：大棚
土壤养分测定值（毫克/千克）		碱解氮	速效磷	速效钾	pH值
		130.2	120	80	6.5
建议补充养分量		氮（N）（千克）	磷（P_2O_5）（千克）	钾（K_2O）（千克）	有机肥（腐熟的农家肥）（千克）
数量	蔬菜一	7.81	0	8.43	3 000
	蔬菜二	5.21	0	5.62	0
折算成化肥		尿素（千克）	磷酸二铵或过磷酸钙（千克）	硫酸钾（千克）	（其他肥料）
数量	蔬菜一	38.0	0	32.0	0
	蔬菜二	26.0	0	28.0	0
施用说明		黄瓜施肥： 基肥，尿素10千克、硫酸钾32千克、腐熟农家肥料3 000千克，撒施结合耕翻追肥，尿素28千克，结果盛期分三次施用，结合浇水撒施番茄施肥； 基肥，尿素5千克、硫酸钾28千克，沟施或结合耕翻撒施追肥，尿素21千克，第一穗果乒乓球大小时开始追肥，追肥2次，结合浇水撒施			

四、果树配方施肥方案制定的实例

×××农户提供的配方施肥方案资料，详见表 4-9。

表 4-9 某农户提供的配方施肥方案资料

农户：×××	地块：×××		地点：××市××乡××村		面积：1亩
果树种类：葡萄		树龄：3年		产量：3 000千克	
施肥情况	种类	有机肥(千克)	尿素(千克)	磷酸二铵(千克)	硫酸钾(千克)
	数量	4 000千克	150.0	100.0	0
	时期	基肥秋施	基肥(50.0千克) 追肥(100.0千克)	基肥(50.0千克) 追肥(50.0千克)	0
	方法	撒施深翻	沟施	沟施	
取土时间：1998年11月					
计划产量：3500千克					

根据农户提供的资料，并对土壤进行分析化验，确定施肥方案，制作葡萄测土配方施肥建议卡(表4-10)。

表 4-10 葡萄测土配方施肥建议卡

农户：×××	地块：×××	地点：××市××乡××村		面积：1亩
土壤养分测定值(毫克/千克)	碱解氮	速效磷	速效钾	pH值
	54.1	9.29	51.9	6.5
建议补充养分量	氮(N)(千克)	磷(P_2O_5)(千克)	钾(K_2O)(千克)	有机肥(千克)
	14.72	10	8.1	4 000
折算成肥料	尿素	磷酸二铵	硫酸钾	—
	64.0千克	72.0千克	32.0千克	—
施用说明	基肥，秋施基肥，有机肥4 000千克、尿素15千克、磷酸二铵50千克、硫酸钾12千克； 追肥，一是早春芽眼开始膨大，尿素25千克、磷酸二铵12千克；二是谢花后幼果膨大期，尿素24千克；硫酸钾10千克，三是浆果期，硫酸钾10千克			

第五章　主要果树营养与施肥

果树随季节的变化一年中要经历抽梢、长叶、开花、果实生长与成熟、花芽分化等不同的时期，即年周期。在年周期中，果树的需肥特性也表现出明显的阶段营养特性。其中，以开花期、花芽分化期、果实膨大期需肥的数量和强度最大。因此，果树的施肥应该根据整个生命周期和年周期的营养要求来确定肥料用量和合理配比，以提高产量和质量。

树体多年生长，具有贮藏营养的特性。果树经过多年的营养吸收，树体内贮藏大量的营养物质，这些营养物质在夏末秋初由叶片向树体回运，春季又由树体向新生长点调运，供应前期芽的继续分化和枝叶生长发育的需要。贮藏营养是果树安全越冬、来年前期生长发育的物质基础。果树在春季抽梢、开花、结果初期所用的养分80%来自树体贮藏的营养物质。

树体营养和果实营养要协调一致。在果树的年周期中，营养生长和生殖生长有重叠或交叉，容易形成果树各器官对养分的竞争。如偏施氮肥，会导致营养生长过旺，枝叶徒长，花芽分化不良，果实也会着色不良，糖少酸多，影响品质。反之，如果施氮不足则营养生长不良，也不能正常发育。因此，在果树生产中必须保持营养生长和生殖生长的平衡，保证高产、稳产。

第一节　苹果营养与施肥

一、苹果树根系的特点

苹果的根系由骨干根、须根和吸收根组成。在疏松土壤上骨干根可深达2～3米，在瘠薄的山地土壤中往往只有30厘米左右。吸收根是在生长季节中，在须根的先端出现短小的白色新根，根上布满白色绒毛状根毛，养分、水分通过根毛进入树体。吸收根主要分布在10～14厘米处。

幼树根系的水平伸展比树冠扩展快，为树冠的2～3倍。成龄后，由于耕作、施肥和环境因子的影响，根系水平分布区大体与树冠外缘相适应。

（一）苹果根系的生长

苹果根系全年均可生长，在常规栽培条件下，全年有2～3次生长高峰。成龄树多为2次，幼龄树多为3次。

第一次根系生长的高峰多在萌芽前开始到新梢旺盛生长期。当春季土壤温度在3～4℃时，根系开始生长，从3月中旬开始到4月中旬达到高峰。这次发根高潮时间短、发根多，主要依靠树体贮藏营养。以细长根为主，这类根系生长期长，可发育成骨干根，在树冠外围的发根势较强。生产中常通过秋冬施肥来增加树体贮藏营养，以满足发根高潮时对养分的吸收。

第二次根系生长的高潮在春梢将要停止生长和花芽分化之前。通常在6月底至7月初。此次发根主要是生长细根及网状根，是全年发根最多时期。在树冠范围的中部发根势较强，这与树冠不同投影部分的温度、水分有关。夏季生长的这类须根生长期短、容易死亡，夏季的干燥高温往往会加速这一进程。土壤表面的吸收根，从生长到木栓1～3天，降低了根系的吸收作用。生产中常采用花芽前追肥，是由于此次追肥满足了长根和花芽分化所需的大量养分，根系的大量生长又促进了养分的吸收，从而改善了整个树体的营养状况。随着秋梢生长、果实膨大及花芽的大量分化，根系生长转入低潮。

第三次根系生长的高潮多在秋梢缓长之后出现。常在9月上旬至11月下旬。此次发根量也较多，这时的细长根多半能长成骨干根。早施秋基肥有利于这次根系的生长。

(二)根系生长对土壤条件的要求

苹果属于深根性果树，要求土层深厚的土壤，土层应达到0.8米以上。苹果适宜种在肥沃壤土上，既能保水保肥，又能透水透气。土壤有机质达3%左右，有利于地上部和根系生长。苹果喜微酸性到中性土壤(pH值为5.5～6.7)。在酸性土上种植的苹果树易缺磷、钙、镁；碱性土上的苹果则易缺铁、锌、硼、锰。

苹果根系生长与土壤含水量也有关系，土壤干旱时，根系分叉多、粗短。当土壤含水量低于田间持水量的20%时根系生长停止，地上部分严重受害。以田间持水量的60%～80%为宜。

二、苹果树的营养

苹果树各器官中各主要矿质元素的含量均以叶部最高，其次是结果枝和果实，而以根中养分含量最低(表5-1)。

表 5-1 苹果树各器官主要营养元素含量

(%)

营养元素	果实	叶	营养枝	结果枝	树干和多年生枝	根(粗、细)
N	0.4～0.80	2.30	0.54	0.88	0.49	0.32
P_2O_5	0.09～0.20	0.45	0.14	0.28	0.12	0.11
K_2O	1.20	1.60	0.29	0.52	0.27	0.23
Ca	0.10	3.00	1.42	2.73	1.28	0.54

各器官中养分含量随着生长季节的不同而发生动态变化。在早春，叶片中氮、磷、钾含量最高，随物候期进展而逐渐减少，至果实膨大高峰期，叶片中各种养分最少。晚秋后，各种养分含量又有所回升。枝条中养分含量，尤其是氮的含量，以萌芽期、开花期为最多，随生长期推进而逐渐减少。7 月以后含量最少，但至落叶期，枝条中氮、钾含量再度增加，而磷的含量变化不大。同样，果实内养分含量也是有变化的。一般幼果养分含量高，成熟时体内碳水化合物比重大，因而主要矿质养分的含量(%)下降。

一般每生产 100 千克苹果需要氮(N)0.3 千克，磷(P_2O_5)0.08 千克，钾(K_2O)0.32 千克。

(一)氮

叶片中含氮 2%～4%(以干物计)，平均 2.3%左右。它主要分布在树体生长旺盛的部位，以叶、花、幼果和根尖、茎尖等器官中含量最多。

苹果树对氮的吸收可分为三个时期。第一个时期是从萌芽到新梢迅速生长期，为最大需氮期，所需氮素养分主要依靠前一年的贮藏养分。第二个时期是从新梢旺长到果实采收前，吸氮速度变小而平稳，属氮素营养稳定期，各种形态的氮均处于较低水平。第三个时期是从采收前夕开始到养分回流，为根系再次生长和养分贮备期。

氮与苹果的营养生长密切相关。氮素充足时枝繁叶茂，树势健壮。缺氮时光合作用降低60%以上。树体含氮适宜，叶面积大，叶绿素多，因而光能利用率高。同时氮素充足，幼嫩枝叶多，赤霉素含量高，可以促进气孔的开张，提高光合效率。氮能提高果枝的活力，促进花芽分化和提高坐果率，促进果实增大，产量提高。但氮素水平过高，对产量和果实品质、风味均有不利影响。氮素营养水平不仅影响苹果地上部的生长，而且对根系生长和养分吸收也有深刻影响。

（二）磷

苹果根系对土壤中磷的吸收能力强，既能吸收水溶性磷，也能吸收弱酸溶性磷，甚至难溶性磷。这可能与果树及真菌形成的菌根有一定关系。苹果树体吸收到的磷，可从老叶移向幼叶，也可以从幼叶运向老叶；既可以向上迁移，也可向下迁移。

磷有利于碳水化合物的形成，促进糖分运转，不仅能提高产量、含糖量，也能改善果实的色泽。磷营养水平高时，可有较充足的糖分供应，促进根系生长，提高吸收根的比例，而改善树体从土壤中吸收养分的能力。磷能使果树及时通过枝条生长阶段，使花芽分化阶段来临时，新梢能及时停止生长，促进花芽分化，增加坐果率。磷还能增强树体抗逆性，减轻枝干腐烂病和果实水心病。据陕西省凤县的试验结果(两年平均)，单施氮，水心病发病率为62.2%，而氮、磷配合处理仅为23.4%，效果十分明显。磷对氮素营养也有调节作用。

苹果树缺磷时，花芽形成不良，新梢和根系生长减弱，叶片变小。积累的糖分转化为花青素，使叶柄变紫，叶片出现紫红色斑块，叶缘出现半月形坏死。此外，果实色泽不鲜艳。但含磷过高，会阻碍锌、铜、铁的吸收，引起叶色黄化，当叶片磷、锌比值大于100时，将出现小叶病。

（三）钾

钾在茎叶幼嫩部位和木质部、韧皮部的汁液中含量较高。在苹果的树干、多年生枝条和根中钾的含量较少。然而随着物候期的变化，各器官中含钾量也发生变化。晚秋，树体进入休眠期时，有许多钾转移到根部，也有一部分钾随落叶返回到土壤中。

苹果需钾量大，增施钾肥能促进果实肥大，增加果实单个重。森·山崎试验结果表明，钾浓度从10毫克/千克提高到100毫克/千克，红玉和国光苹果的单个重分别从136克和94克提高到211克和207克，而且高钾处理含糖高，色泽也较好。

氮、钾配合施用并保持适宜的比例对苹果产量、品质、发病率、着色度都有明显影响（表5－2）。

表5－2 氮、钾不同配比对苹果（国光）果实的影响

培养液氮:钾	干周（厘米）	收果数/株）	平均果重（克）	糖分（%）	酸（%）	苦痘病发病率（%）	着色度	叶部症状
1:8	16.2	31	153	16.4	0.99	29.8	＋	脉间黄化（缺镁）
1:4	17.4	35	176	14.7	0.90	7.2	＋＋＋	正常
1:2	18.2	39	162	14.5	0.84	0	＋＋＋	正常
1:1	18.8	36	144	15.2	0.92	0	＋＋＋	正常
2:1	19.3	37	181	15.0	0.76	75.0	＋	正常
4:1	17.4	35	156	15.1	0.74	100	——	叶焦（钾缺乏）
8:1	12.9	13	109	11.0	0.65	100	——	叶焦（钾缺乏）
1:0	18.9	17	74	12.2	0.61	0	—	叶焦（钾缺乏）

（四）钙

苹果各器官含钙量有较大差异，在叶片中含量较多。果实含钙 0.1%，叶片为 3%，营养枝为 1.42%，结果枝为 2.73%，树干和多年生枝中为 1.28%，根系为 0.54%。Terblanche 报道，树体全钙的分布是：根部占 18%，干材占 40%，树皮占 11%，叶片占 13%，果实占 18%。

钙在树体内再利用率很小，一旦进入叶片，通常就很难再流出供应其他器官，因此，老叶中含钙量最多。Wieke 指出，虽然钙移动性小，但翌年春季从树体中重新动用的钙能提供新梢、叶片、果实所需钙的 20%～25%。足量的钙除能保护细胞膜组织，还可提高苹果的品质，延长果实的保质期。

苹果树整体缺钙比较少见，但果实缺钙却比较普遍。通常，果实含钙量较低，是其临近叶片含钙的 1/40～1/10。果实吸钙的特点：在幼果发育 3～6 周是果实吸钙的高峰期，到 7 月上旬，果实总需钙量的 90%已进入幼果，这一时期是苹果钙素营养的临界期，必须保证幼果有充足的钙素营养。果实缺钙主要原因：一是树体吸钙量不足，与根系强弱、新根多少、蒸腾作用、土壤酸度、土壤活性钙的数量等因素有关；二是钙在树体内分配不当，苹果幼果吸钙高峰期与新梢旺盛生长期几乎出现在同一时期，若此期氮素较多，则枝叶旺长，会争夺大量的钙素，导致果实出现低钙；三是雨水多，果实迅速膨大，导致钙被稀释，相对浓度下降。

钙素不足时，根系粗短弯曲，根尖回枯，地上部新梢生长受阻，叶片变小褪绿。幼叶边缘四周向上卷曲，严重时叶片出现坏死组织，枝条枯死花朵萎缩，果实易腐烂，树体易发生病害。Fast 发现，苹果果皮中钙低于 700 毫克/千克或果肉中低于 200 毫克/千克易产生苦痘病、软木酸病、心腐病、水心病、裂果等生理性病害，尤其在高氮低钙的情况下更易发生。

三、苹果树施肥技术

（一）氮肥的施用

1. 氮肥的适宜用量

据全国果树化肥试验网的资料，不同树龄的适宜氮量（每株）为：未结果树 0.25～0.45 千克；生长结果期树 0.45～0.9 千克；结果生长期树 0.9～1.4 千克；盛果期树 1.4～1.9 千克。氮肥过少或过多都有降低产量的趋势。武继含等在黄河故道区对盛果期苹果树进行不同氮肥用量试验指出，以株施氮肥 1.25 千克效果最好，不仅增产幅度大，而且果实品质也有明显改善，炭疽病、轮纹病感染率下降 2.64%。又据烟台、渭北地区的丰产经验，每 100 千克果实施氮 0.8～1 千克为宜。

2. 氮肥的适宜施用时期

氮的施用时期直接影响苹果树营养生长和生殖生长的平衡与协调。岳群光等（1978）的试验表明，不同生育时期施用氮肥，其作用方向总是促进当时生长发育活跃器官的形成。如在采收后和早春施用氮肥，可促进新梢的生长，健壮树势；花前追肥可促进新梢生长，提高坐果率；花芽分化前后追施氮肥，可促进花芽分化提高果实产量，也可导致秋梢生长过旺和果实品质下降；采收前 2～3 周追施氮肥，可以提高单果重量，但也能导致秋梢旺长和果实品质下降。因此，掌握好施肥适宜时期是苹果施肥的关键之一。

氮肥主要以追肥方式施入。通常可在下述 5 个时期追施氮肥，但对具体果园来说，只需根据树势选择其中 1～2 个时期施入氮肥即可。

（1）芽前或花前追肥开花前苹果既要开花结果，又要长叶发枝，氮素养分的供求矛盾比较突出，此时追施氮肥既可明显提高坐果率，又能促进枝叶生长。陕西省果树研究所的研究结果表明，此次追肥时间早，效果好，即使迟至花期施用，仍有保果作用。但花前追肥的保果效果因树而异，旺树有相反作用。

（2）花后追肥花后树体营养物质运转中心已转移到新梢上，因而花后追肥可以显著地促进新梢的生长。也有资料认为，花后追肥可减少采前落果数从而增加果实采收量。但是，此次氮肥用量过多时，将明显降低坐果率。

（3）花芽分化前追肥花芽分化前追肥，可以促进花芽分化，增加花芽数，提高花芽质量，增加翌年坐果率，对当年果实膨大也有好处。许多试验资料表明，花芽分化前是苹果树施氮最大效能期。

氮肥施用过多，易延迟春梢生长或大量促生二次枝，对花芽分化不利。因为大部分花芽，特别是顶花芽，必须在枝叶停止生长后才开始分化。因此，一定要掌握好氮肥用量。施用时期以春梢生长缓慢、部分停止生长时为宜。当树体营养生长过旺时，应停止这一次氮肥的施用，结合短期干旱和合理修剪，以控制营养生长，促进花芽分化。

（4）果实膨大期追肥能促进果实生长，并能促进叶片的同化作用和提高花芽质量。但这次追氮量过多，将导致果实品质的下降和秋梢生长，降低树体的越冬能力。

（5）秋季追肥苹果树春季新梢生长及开花坐果，主要是利用前一年秋季贮藏在树体内的养分。本次追肥可以促进叶片的同化作用，增加树体贮藏养分，提高花芽质量，对翌年春梢生长、坐果都有明显影响。秋季追肥宜在秋梢停止生长后尽早进行。

总之，追肥是调节苹果树生长结果的积极手段，无论什么时候施肥都有一定增产效果。但也并不是施肥次数愈多愈好，至于具体苹果园应几次追施氮肥，何时施用，应根据树势灵活掌握。总的原则是：树势弱的以增强树势提高坐果率作为主攻方向，应侧重秋季及翌年花芽分化前追肥；树势壮的主攻方向是促进花芽形成，以花芽分化期之前的追肥为重点。为了克服苹果树的大、小年，在“大年”时氮肥施用重点放在花芽分化前，为翌年的“小年”形成更多的花芽，使之提高产量；“小年”时，氮肥应重点促进营养生长，增强树势，以秋季和春季追肥为主。

（二）磷、钾肥和有机肥的施用

磷、钾肥和有机肥除施入定植穴外，每年还应以基肥形式施入这些肥料。基肥要早施，秋施基肥比春施好，早秋施用又比晚秋或冬季施用好。秋施基肥时，根系正处于在生长高峰期，断根愈合快，有机肥矿化速率大，部分营养可被树体当年利用，对满足树体春天萌芽、开花、结果、生长发育都有重要作用。同时，磷、钾肥的施入有利于诱根下扎，更好地利用深层土壤中的养分和水分，并利于提高抗逆性。

磷肥、钾肥也可作追肥施用，目的在于提高果品质量，促进花芽分化。一般多在生育后期施用，可施入土中，也可采用喷施方法。

（三）苹果树施肥

测定苹果树土壤养分状况，根据土壤肥力应用测土配方施肥技术确定施肥量和施肥方法，或采用推荐施肥量。每亩氮肥用量为 24～36 千克（折尿素为 52～78 千克），磷肥用量为

6.4～9.6 千克（折磷酸二铵为 14～21 千克），钾肥用量为 12.8～19.2 千克（折硫酸钾为 26～39 千克），腐熟的优质农家有机肥料用量为 4 000～5 000 千克。

1. 基肥

腐熟的优质农家有机肥料用量为 4 000～5 000 千克，全部做基肥，配合适量的化肥。基肥的施用时间一般在上一年的 9～10 月进行，以利果树充分吸收利用，确保果树健壮生长。施肥方法一般采用环状沟施法或放射状施肥。施肥沟深度以 30～60 厘米为宜。

2. 追肥

追肥应以速效化肥为主，根据土壤肥力状况、树势强弱、产量高低以及是否缺少微量元素等来确定施肥种类、数量和次数，每年追肥 1～2 次。

(1)花前肥在早春萌芽前进行，肥料以施氮肥为主，配施适量的磷钾肥，以满足花期所需养分，提高坐果率，促使新梢生长。

(2)花后肥应在花谢后进行，肥料以磷钾肥为主，配施适量的氮肥，以减少生理性落果，促进枝叶生长和花芽分化。

(3)果实膨大期追肥以施钾肥为主，配施适量的氮磷肥，以增加树体养分的积累，促进果实膨大，确保着色和成熟，提高果品产量和质量。

追肥方法一般采用放射状沟施肥和环状沟施肥法。施肥沟深度一般为 15～20 厘米，施入肥料后盖土封严，若土壤墒情差，追肥要结合浇水进行。

为了迅速补充果树养分，促进苹果增个、保叶，可采取根外追肥的方法。将肥料溶液喷洒在苹果树叶片上，通过苹果叶片吸收利用，保证苹果正常生长和预防缺素症。追肥时间一般应在上午 9：00～11：00 点或下午 2：00～4：00 进行，避开中午高温阶段，喷洒部位应以叶背为主。尿素在萌芽、展叶、开花、果实膨大至采果后均可喷施，施用浓度早期用 0.2%～0.3%，中后期用 0.3%～0.5%。磷酸二氢钾，喷施浓度早期用 0.2%，中后期用 0.3%～0.4%。

(四)苹果树的中微量元素失调及矫治

苹果树体中营养元素含量不足或比例失调都会产生营养障碍，引起各种生理病害。矫治苹果树的营养障碍首先应进行树体营养诊断，可依据叶片分析数据来判别树体的营养状况。

1. 钙

苹果缺钙一般施用钙肥加以矫治。生产中可以石膏、石灰、过磷酸钙和其他钙质肥料与有机肥一起作基肥，也可采用根外喷施方法。据研究，采前 8 周以 0.3%硝酸钙水溶液喷施，连喷 4 次，每次间隔一周，可以有效地防治苦痘病。周厚基等试验证明，盛花后 3 周、5 周和采前 10 周、8 周，一年 2～4 次对苹果树喷施 0.5%的硝酸钙，可使水心病病果率从 25%下降到 8%。对于水心病的防治除上述方法外，施用硝磷复合肥也可以减轻水心病的发生，单施钾肥有加重水心病的趋势，适时早采也可以减轻水心病的发生。

2. 硼

当苹果叶片含硼量为 0.2～5.1 毫克/千克就可能出现缺硼症。缺硼时，苹果树可以繁花满树而果实稀少，同时，根尖、颈尖受害，新梢尖端枯萎，枝条回枯，严重时可枯死到三年生枝。缺硼时普遍出现“枯梢”“簇叶”“扫帚枝”，果实出现缩果病，果肉和果实表面出现木栓、干斑。但是，硼过量会促进果实早熟并增加落果量，严重时，叶片全部呈褐色、干枯而死。

矫治苹果缺硼，可在盛花期喷0.2%～0.4%的硼砂溶液。缺硼严重的树，可在萌芽前向土壤施硼砂，每株100～250克，施后，可显著增加坐果率，提高单果重和总产量。

3. 铁

苹果叶片中含铁量低于150毫克/千克就可能缺铁，出现缺铁症。苹果缺铁时幼叶首先出现失绿黄化现象。开始叶脉为绿色，叶肉黄化，严重时叶脉也黄化，叶片出现褐色枯斑，最后枯死脱落。缺铁苹果树的树势衰弱，花芽形成不良，坐果率差。

关于苹果缺铁症矫治，至今还没有理想的方法。某些方法常常是治标不治本或仅引起缓解和减轻作用。国外常用的螯合铁有乙二胺四乙酸铁、二乙酸铵五乙酸铁，因价格昂贵，生产上无法广泛使用。国内常用的螯合铁有黄腐酸铁、尿素铁等，喷施螯合铁数次，有较好效果。用0.1%～0.5%乙二胺四乙酸铁注射树干也有明显效果，一星期内黄化叶子可以复绿。硝酸亚铁、硝酸亚铁铵、氨基酸铁、柠檬酸铁，也有不同程度的效果。采用绿肥、有机肥覆盖树干周围的土壤，对矫治苹果树缺铁黄化也有一定的成效。

4. 锌

苹果树缺锌时新梢或枝条生长受阻，出现小叶病，叶片狭窄、质脆、小而簇生。有的枝条只有顶端几个芽眼生出簇叶，其他芽眼不长叶或叶片脱落，呈“光腿”现象，严重缺锌时枯梢，病枝花果少、小，且畸形。

矫治苹果小叶病的主要措施是施锌肥。常用锌肥有硫酸锌、氧化锌、氯化锌。在生长期内，特别在盛花后3周左右喷施0.1%～0.3%硫酸锌有良好效果，锌溶液中加入0.5%尿素的效果更为明显。环烷酸锌（300毫克/千克）和尿素（0.3%～0.5%）混合喷施也有较好效果。

第二节　大樱桃营养与施肥

大樱桃的根系较浅，特别是山丘地栽植的草樱桃砧木大樱桃树，根系在土层中的分布只有20～30厘米，抗旱、抗风能力差。适宜在土层深厚，透气性好，保水力较强的砂壤土和砾质壤土上栽培。适宜的土壤pH值为6.0～7.5。

一、大樱桃的营养

大樱桃具有树体生长迅速、发育阶段明显而集中的特点。尤其是结果树，展叶抽枝和开花结果都在生长季的前半期，从开花到果实成熟仅需45天左右的时间，花芽分化又集中在采果后1～2个月的时间里。具有生长迅速、需肥集中的特点。因此大樱桃越冬期间贮藏养分的多少、生长结实和花芽分化期间的营养水平高低，对壮树、丰产有着重大影响。

大樱桃生长年周期中，有利用贮藏营养为主和利用当年制造营养为主两个营养阶段。利用贮藏营养为主的生长阶段大约从春季萌芽到春梢生长变缓为止，是大樱桃生长发育极为集中的时期。幼树约在6月下旬，盛果树约在果实采收以前，这期间主要有根系的生长、萌芽、开花、坐果、新梢生长、幼果发育，其中，果实的发育和新梢生长之间的营养竞争十分突出。因此，通过秋施基肥增加树体越冬前的贮藏营养是大樱桃施肥技术的重要内容。

以利用当年制造营养为主的营养阶段大约是从春梢生长变缓到树体落叶休眠为止，此阶段经历花芽分化、果实速长及营养回流贮藏等过程。因此，应重视采果后花芽分化期间施肥，特别是花芽分化前 1 个月适量施用氮肥，能够促进花芽分化和提高花芽发育。

二、大樱桃施肥技术

取土测定土壤养分状况，根据土壤肥力应用测土配方施肥技术确定施肥量和施肥方法，或采用下面推荐施肥量与施肥技术。大樱桃的施肥时期、施肥量和施肥方法，因树势、树龄和结果量而不同。烟台大樱桃产区，对幼树和初果树一般不追肥，结果树一般施肥 3 次，即冬春基肥、花果期追肥和采后补肥。

(一)基肥

基肥一般在秋冬季早施为宜，有利于提高树体贮藏营养水平，促使花芽发育充实，增强抵抗霜冻的能力。基肥以有机肥料为主，如人粪尿、厩肥、堆沤肥、鸡粪、豆饼等。根据烟台大樱桃产区总结多年的施肥经验，幼树和初果期树每棵施用人粪尿 30～50 千克，或厩肥 50～60 千克；结果大树每棵施人粪尿 60～80 千克，或施厩肥 60～80 千克。人粪尿采用放射状沟施或开大穴施用；猪圈肥结合土壤深刨进行或行间开沟深施，深度 50 厘米左右。

(二)追肥

1. 花果期追肥

此次追肥在花谢后，目的是为了提高坐果率和供给果实发育、新梢生长的需要，同时促进果实膨大。结果大树株施复合肥 1～2 千克，或株施人粪尿 30 千克，开沟追施，施后灌水。

2. 采后补肥

果实采收后追肥是一次关键性的施肥，是大樱桃周年发育的一个重要转折时期。此时补充养分对促进花芽分化、增加营养积累和维持树势健壮具有重要的意义。成龄大树每株施复合肥 1～1.5 千克，或人类尿 70 千克，或腐熟的厩肥 100 千克；初果树每株施磷酸二铵 0.5 千克左右。

3. 根外追肥

春季萌芽前枝干喷施 2%～3%的尿素溶液可弥补树体贮藏营养的不足，花期喷 0.3%的尿素、600 倍磷酸二氢钾和 0.3%硼砂溶液可明显提高坐果率。

第三节　梨树营养与施肥

一、梨树根系特点

梨树和苹果树一样，属深根性果树，垂直深度可达 2～3 米，60%的根系集中分布在 30～60 厘米处。

(一)梨树根系的生长

梨树根系的生长每年有两次高峰。第一次在 5 月底至 6 月初，新稍停止生长后，根系生长最快，形成第一次生长高峰。第二次根系的生长高峰是在 10～11 月，因此果实采收后应进行秋季深耕施肥，有利于梨树积累贮藏营养，同时由施肥所损伤的根系也容易恢复。

(二)根系对土壤的要求

梨树对土壤条件要求不严格，山地、平原、河滩地都可种植，但仍以土层深厚、土质疏松、排水良好的沙壤土较好。梨树喜中性偏酸性的土壤，但在 pH 值为 5.8～8.5 时均能生长良好。

二、梨树的营养

梨树各器官中养分的含量以叶片养分的含量最高，其次是结果枝和果实。但磷的含量是结果枝最高，其次是叶片和根部，营养枝、树干和多年生枝最低(表 5－3)。

表 5－3　梨树各器官主要营养元素含量　(%)

营养元素	果实	叶	营养枝	结果枝	树干和多年生枝	根(粗、细)
氮	0.41～0.70	2.25	0.57	0.99	0.52	0.40
磷(P_2O_5)	0.10～0.25	0.32	0.11	0.40	0.09	0.17
钾(K_2O)	1.10	1.5	0.34	0.51	0.33	0.34
钙	0.20	2.00	1.42	2.61	1.29	0.52

梨树对氮的吸收高峰在 5 月，由于新梢扩展对氮的吸收量增加，因果实发育的需要 7 月又形成对氮吸收的第二个高峰。梨树对氮和钾的吸收相似。梨树对磷的吸收变幅不大，新梢生长引起的高峰值在 5 月，以后逐渐减少。

据测算每生产 100 千克果实，需要吸收氮 0.47 千克，磷(P_2O_5)0.23 千克，钾(K_2O)0.48 千克，幼树期氮、磷、钾的比例一般为 1∶0.5∶1 或 1∶1∶1，结果期适宜的氮、磷、钾比例为 2∶1∶3 或 1∶0.5∶1。

(一)氮

氮素的供应水平直接影响果实的大小、品质和风味。如果早期停止氮素的供应，果实产量低但含糖高。如果氮素一直充分供应则果实大、产量高，但因氮素过多果实的含糖量降低。林氏等对 20 世纪梨进行沙培试验，结果见表 5－4。

表 5－4　氮素停用时期与果实大小、糖分的关系

停施时间（月/日）	果重（克）	横径（毫米）	全糖（以每 100 毫升果汁计）（克）	还原糖（以每 100 毫升果汁计）（克）	非还原糖（以每 100 毫升果汁计）（克）
6/1	199.0	75.7	9.3	5.2	4.1
6/15	216.0	79.3	9.1	4.1	5.0
7/1	270.0	82.6	8.8	5.4	3.4
7/15	277.0	84.1	7.8	5.6	2.2
8/1	293.0	85.3	7.7	5.1	2.6
8/15	296.0	84.9	6.8	5.8	1.0
9/1	302.0	85.5	7.0	6.2	0.8

（二）磷

磷能明显促进细胞分裂，使梨果的细胞数量多，梨的个体大，有利于发新根，花芽分化也多。梨树对磷的需要量比较少，抗缺磷的能力比较强，在种植草莓和蔬菜已表现缺磷的土壤上，梨树仍然能正常生长。当梨树磷素供应不足时，叶色呈紫红色，尤其是春季和夏季生长较快的枝叶几乎都呈紫红色。

（三）钾

梨树对钾的需要量与氮相当。适量的钾能促进细胞和果实增大，提高梨果的含糖量。梨树缺钾时当年生的枝条中下部叶片边缘产生枯黄色，或呈焦枯状，叶片常发生皱缩或卷曲。严重缺钾的梨树可整叶枯焦，挂在枝上不易脱落。枝条生长不良，果实常呈不熟的状态。

（四）钙

梨树对钙的吸收接近于氮和钾，周年吸收动态是叶片中钙的含量由春季展叶到秋季落叶呈逐渐增加的趋势，梨树果实迅速膨大期需要大量的钙。钙素不足，梨树容易产生生理病害，

如缺钙的鸭梨易感染黑心病。据研究，果实中氮、钙的比值也影响黑心病的发病程度，鸭梨健康的果实氮、钙比为6.8∶1，而病果的氮、钙比为9.2∶1。

三、梨树施肥技术

取土测定土壤养分状况，根据土壤肥力应用测土配方施肥技术确定施肥量和施肥方法，或采用推荐施肥量。每亩氮肥用量为28.8～38.4千克(折尿素为63～84千克)，磷肥用量为20.7～27.6千克(折磷酸二铵为45～60千克)，钾肥用量为28.8～38.4千克(折硫酸钾为58～77千克)，腐熟的优质农家有机肥料的用量为4 000～5 000千克。

(一)基肥

秋季采果后至落叶前结合深耕深翻施入土壤中，以有机肥为主配合适量化肥。其中，氮、钾肥占总施肥量的50%，磷肥占总施肥量的70%。

(二)追肥

我国梨园通常根据树势在下列各时期中选择2～3个时期追肥。

1. 花前追肥

早春芽萌动、开花、发叶、抽枝都需要消耗大量的养分，新梢开始生长时，树体贮藏的养分基本用完，此时需要大量的氮素供应。此次追肥以氮肥为主。如果树势强壮，花芽太多，为了控制花果量也可不施用花前肥，改施用花后肥。

2. 花后追肥

在花期内或花后新梢旺盛生长期之前施用。目的在于促进枝叶生长和促进花芽分化。肥料用量不宜过多，以免引起新梢生长过旺，影响花芽和果实的膨大。

3. 果实膨大追肥

通常在春梢生长停止前施用，除了施用氮肥外还要施用磷钾肥，特别是钾肥，避免偏施氮肥，影响果实的品质。

第四节　葡萄营养与施肥

一、葡萄根系特点

葡萄具有强大的根系，但没有主根，枝条埋入地下的那部分形成骨干根，即根干和侧根。葡萄的骨干根主要是输送水分和养分，同时也是养分贮藏的重要场所，贮藏的养分可占全部贮藏养分的70%～85%，从萌芽生长到开花结果主要依靠树体贮藏的养分。当年叶片制造的养分除满足生长发育所需之外，多余的可回流到根系贮藏起来。

(一)葡萄根系生长

葡萄是深根性果树，垂直分布的密度为20～80厘米。根系的水平覆盖面也很大，在栽植沟内两侧伸展长度可达7～8米。葡萄根系没有休眠的特性，只要条件适宜就可以不停地生长，因而抗寒能力差，只能忍耐－7～－5℃的低温。

葡萄根系发根容易，生长迅速。枝条插入土中后，12℃即可开始发根，最适宜的温度为28～30℃，每天可长1厘米以上。最初从插穗节部长出的根一般在10厘米左右开始形成二级根，二级根迅速生长并分生出三级根，一年就可形成七级或更多级根，从而形成庞大的根系，是葡萄早期丰产的重要保证。

一年中葡萄根系的生长有两次高峰。第一次在5～6月。第二次在9～10月，气温下降适合于根系生长。葡萄受伤或切断后易产生不定根，施基肥时对根系的部分损伤实际上可促进根系的进一步生长。因此秋施基肥可以促进根系的生长发育和树体贮藏养分。

（二）葡萄根系对土壤条件的要求

葡萄根系对土壤适应性强，除了极黏重土壤、沼泽地和重盐碱土外，其他的土壤都适合于生长。最理想的土壤是肥沃松软的沙壤土。

葡萄根系对土壤酸碱性适应性也很强，可在pH值为5～8时生长，最适宜的pH值为6～7。

葡萄根系对土壤水分有一定的要求，土壤干旱根系停止生长，甚至死亡，容易落花、落果；土壤水分过多则根系容易腐烂。一般以田间持水量的60%～70%为宜。

二、葡萄的营养

葡萄各器官中养分的含量以叶片最高，其次为新根、新梢；磷的含量根中最高，再其次为叶片和新梢；钾的含量果实中最高为，最后为叶片和旧梢。葡萄对养分吸收量的顺序为：钾＞氮＞磷。氮的吸收以叶片最多，果实次之；磷的吸收果实最多，其次是叶片；钾的吸收果实最多，因此钾肥在葡萄浆果成熟中具有重要作用。一般每生产100千克葡萄需要氮0.6千克，磷（P_2O_5）0.3千克，钾（K_2O）0.72千克。

（一）氮

氮素与葡萄枝叶生长和产量密切相关。适量的氮素供应能使葡萄树体枝叶繁茂，芽眼萌发提早，坐果率增加，产量提高。氮素供应不足新梢生长势弱，叶色淡绿，叶片薄而小，易早落。枝蔓细而短，停止生长早。果穗、果粒小，产量明显下降。氮素过多枝叶徒长，并易受病害侵袭。生长后期氮素过多，果实着色延迟，香气降低，品质下降。

葡萄对氮的吸收表现为生长初期因土壤温度低，吸收量少，花穗出现后吸收速度加快，至果实膨大期达到最高峰，到成熟期氮的吸收又减缓。葡萄生长的前期需氮量较大，主要供应芽眼、新梢生长和开花坐果的需要。此时的氮素主要来源于贮藏在树体内的氮，因此，生产中强调早施氮肥，以防氮素的供应脱节。生长后期氮肥用量不宜太大，避免氮肥过多的症状。果实采收后应及时追施氮肥，对增强后期光合作用、树体养分积累及花芽分化具有比较好的作用。

（二）磷

葡萄对磷的吸收表现为在新梢生长旺盛期和果实膨大期吸收速率最大，直到成熟期仍能大量吸收。后期茎叶中的磷不断向果实转移，果实中磷的含量升高。果实采收后，茎、叶中的含磷量再度提高。

葡萄缺磷时枝条的萌发和开花延迟，新梢生长减弱，叶片小，呈暗绿色，无光泽，基部叶片早落。果色不鲜艳，含糖量低、品质差。磷素过多易导致铜、锌的缺乏。

（三）钾

葡萄需钾量较大，有“钾质植物”之称。葡萄对钾的吸收表现为在整个生长期内均能进行，在果实膨大期对钾的吸收量明显增加。钾能提高葡萄植株纤维素含量，能使细胞壁增厚，促使枝蔓成熟，从而提高抗寒抗病能力。钾素充足可促进浆果成熟，提高含糖量。

葡萄缺钾时叶色浅、叶片的边缘出现坏死斑点，有时叶片向上或向下卷曲，叶肉扭曲、表面不平。夏末新梢基部老叶易变紫褐色或暗褐色，从叶脉间开始，逐渐覆盖全叶。严重缺钾的植株，果穗少而小，穗粒紧，色泽不均匀，果粒小。

三、葡萄施肥技术

取土测定土壤养分状况，根据土壤肥力应用测土配方施肥技术确定施肥量和施肥方法，或采用推荐施肥量。每亩(1 亩≈667 平方米。全书同)氮肥用量为 36～48 千克(折合尿素为 78～104 千克)，磷肥用量为24～36 千克(折合二铵为52～78 千克)，钾肥用量为 28.8～43.2 千克(折合硫酸钾为 58～86 千克)，腐熟的优质农家有机肥料的用量为 4 000～5 000 千克。

(一)基肥

葡萄落叶后到萌芽前，只要土壤不上冻都可施基肥，一般秋冬施比春施好，秋施比冬施好，秋施又以收获后尽量早施好。一般基肥用量为全年肥料用量的 40%～60%，有机肥全部做基肥，配合施用磷钾肥，深施于根系密集层。值得注意的是，巨峰葡萄开花时树体氮素过多时，新梢生长过旺易引起大量落花，而基肥中氮在开花时又被大量吸收，因此，对巨峰葡萄应控制基肥中氮的用量。

(二)追肥

根据土壤的肥力状况和树的长势，葡萄通常每年追肥 2～3 次。

1. 萌芽肥

芽眼膨大时根系大量迅速活动前(开花前)进行第一次追肥。一般以氮肥为主结合施磷钾肥，以促进花芽继续分化使芽内迅速形成第二、第三花穗。巨峰葡萄应根据树势控制氮肥用量，防止大量落花。

2. 壮果肥

在5月下旬，落花后幼果开始膨大，追肥的目的是促进果实迅速膨大，一般以氮肥为主结合施钾肥。

3. 催果肥

浆果期进行第3次追肥，在7月中旬，可提高果实含糖量、改善品质、促进成熟。追肥以钾肥为主，根据树势适当施氮、磷肥。如果树势健壮、枝叶繁茂可以不施氮肥。

在葡萄生长发育过程中，还可以根据树势情况进行根外追肥，花前一周可叶面喷施0.2%磷酸二氢钾和0.3%硼砂，能提高坐果率。坐果后到成熟前，喷2～3次0.3%磷酸二氢钾，能提高产量、改善品质。对缺铁失绿的葡萄，可喷施硫酸亚铁或柠檬酸铁等矫正缺铁症状。

(三)葡萄的中微量元素失调及矫正

1. 钙

葡萄需钙量比较大，果实中含钙高达0.57%，高于苹果。钙对调节葡萄树体的生理平衡具有重要的作用。葡萄缺钙时幼叶皱卷，呈淡绿色，脉间有灰褐色的斑点，叶缘部位出现针头大的坏死斑点，新梢顶端枯死；根部停止生长甚至腐烂。

葡萄缺钙的预防与矫治方法：避免一次大量施用钾肥和氮肥；叶面喷施钙肥，如叶面喷洒0.3%的氯化钙水溶液。

2. 镁

葡萄对镁的需要量也较多，叶片含镁0.23%～1.08%，果实中含镁0.01%～0.025%。缺镁时易出现失绿黄化斑，多发生在生长季节后期，从植株老叶开始发病，最初老叶脉间褪绿或出现黄色斑点，严重时整个叶片变成黄色，或叶片坏死脱落。

葡萄缺镁的预防与矫治方法：要定时施足有机肥料，对成年树也应在入冬前施用优质有机肥料；缺镁严重的葡萄园应适当减少钾肥的用量；在植株开始缺镁时叶面喷施3%～4%的硫酸镁，生长季节喷3～4次；缺镁严重的土壤可施用硫酸镁肥料。

3．硼

葡萄需硼量较高，对土壤缺硼相当敏感，土壤有效硼的含量小于0.5毫克/千克时，葡萄不能正常生长。硼能提高坐果率，提高果实中维生素和糖的含量。葡萄缺硼时生长点死亡，小侧枝增多，枝条节间短而脆，茎的顶端肿胀，卷须坏死，果穗稀疏或果不育，幼果果肉变褐。缺硼的症状容易在早春和夏季出现。

葡萄缺硼的预防与矫治方法：生长期喷施0.2%的硼砂溶液；秋施基肥时施用硼砂或硼酸，每亩1.5～2千克。

4．锌

葡萄对锌也比较敏感，缺锌时易得小叶病，新梢生长量少，叶梢弯曲。落花落果严重，果粒大小不一。

葡萄缺锌的预防与矫治方法：花前2～3周喷碱性硫酸锌，要喷雾湿润整个果穗和叶的背面。碱性硫酸锌的配制方法，将480克硫酸锌和359克喷雾石灰加到100千克水中。

5．铁

葡萄缺铁时影响叶绿素的形成，先是幼叶失绿，叶脉间黄化，具绿色网脉。缺铁严重时叶片变黄，甚至白色，叶片严重褪绿部位常变褐色或坏死。新梢的生长量减少。花穗和穗轴变浅黄色，坐果不良。

葡萄缺铁的预防与矫治方法：叶面喷施0.5%的硫酸亚铁溶液，可根据情况隔20～30天重复喷施。用硫酸亚铁涂抹枝条，浓度为每升水中加硫酸亚铁179～197克，修剪后涂抹顶芽以上的部位。

第五节 茶树营养与施肥

一、茶树的营养特性

（一）茶树需肥量

茶树是以采收幼嫩芽叶为对象的多年生经济作物，每年要多次从茶树上采摘新生的绿色营养嫩梢，这对茶树营养耗损极大。与此同时，茶树本身还需要不断地建造根、茎、叶等营养器官，以维持树体的繁茂和继续扩大再生长，以及开花结实繁衍后代等，都要消耗大量养料。因此，必须适时地给予合理的补充，以满足茶树健壮生长，使之优质、稳产、高产。

茶树生育所必需的矿质元素有氮、磷、钾、钙、铁、镁、硫等大量元素和锰、锌、铜、硼、钼、铝、氟等微量元素。在这些元素中氮、磷、钾消耗最大，常常需要作为肥料而加以补给，故称为肥料三要素。茶树消耗氮素最多，磷、钾次之。

（二）茶树对养分需求的特点

1. 氮

氮是合成蛋白质和叶绿素的重要组成成分，施用氮肥可以促进茶树根系生长，使枝叶繁茂，同时促进茶树对其他养分的吸收，提高茶树光合效率等。氮素供应充足时，茶树发芽多，新梢生长快，节间长，叶片多，叶面积大，持嫩期延长，并能抑制生殖生长，从而提高鲜叶的产量和质量。施氮肥对改善绿茶品质有良好作用；过量施氮肥，对红茶品质则有不利影响；若与磷钾肥适当配合，无论对绿茶还是红茶都可提高品质。氮肥不足则树势减弱，叶片发黄，芽叶瘦小，对夹叶比例增大，叶质粗老，成叶寿命缩短，开花结果多，既影响茶叶产量又降低茶叶品质。正常茶树鲜叶含氮量为4%～5%、老叶为3%～4%，若嫩叶含氮量降到4%以下，成熟老叶下降到3%以下，则标志着氮肥严重不足。

2. 磷

磷肥主要能促进茶树根系发育，增强茶树对养分的吸收，促进淀粉合成和提高叶绿素的生理功能。从而提高茶叶中茶多酚、儿茶素、蛋白质和水浸出物的含量，较全面地提高茶叶品质。茶树缺磷往往在短时间内不易发现，有时要几年后才表现出来。其症状是新生芽叶黄瘦，节间不易伸长；老叶暗绿无光泽，进而枯黄脱落；根系呈黑褐色。

3. 钾

钾对碳水化合物的形成、转化和贮藏有积极作用，它还能补充日照不足，在弱光下促进光合同化，促进根系发育，调节水代谢，增强对冻害和病虫害的抵抗力。缺钾时，茶树下部叶片早期变老、提前脱落，茶树分枝稀疏、纤弱，树冠不开展，嫩叶焦边并伴有不规则的缺绿，使茶树抵抗病虫害和其他自然灾害的能力降低。

肥料是茶树生长的食粮，是茶叶增产和提高品质的物质基础。因此，施肥对茶树的生长以及茶叶的产量与质量起着重要作用。良好的施肥技术，能最大限度地发挥施肥的增产作用，保持和提高茶叶的优良品质，维持茶树的旺盛生长态势，同时利于恢复和提高土壤肥力。但如施肥不当，不仅不能增加茶叶产量，还会造成茶叶品质严重下降，甚至会给茶树生长造成不利的影响。因此，茶园施肥要求因地制宜，采用适当的肥料种类及施肥方法，才能充分发挥肥效，达到施肥的目的。为了获得优质高产的鲜叶原料，养分供应是最重要因素之一。

茶树在整个生长发育过程中，不同的生育阶段对营养物质的需求是不同的。幼龄茶树以培养健壮的枝条骨架、分布深广的根系为目的，必须增加磷、钾元素的比例，以施用幼龄肥为主；处于长势旺盛的壮年时期，为促进营养生长，提高鲜叶的产量，适当增加氮素是必要的。但茶叶是嗜好品，对品质要求很高。不同茶类，其品质特征差异较大。如红茶的品质特征是“红汤红叶”，滋味浓强，要求含有较高的多酚类含量；绿茶的品质特征是“清汤绿叶”，滋味鲜爽，要求含有较高的含氮化合物，如氨基酸、蛋白质；乌龙茶类(如单丛、水仙、铁观音、奇兰、黄金桂等)的品质特征是香气浓郁，滋味醇和，要求有较高的芳香物质和氨基酸。这些品质特征的形成与茶树施肥有密切关系，所以，只有施用适合不同茶类的专用肥，才能保证和提高茶叶品质。

二、茶树的施肥技术

(一)优化施肥原则

重视有机肥，有机肥与无机肥配合施；重视基肥，基肥与追肥配合施；重视春肥，春肥与夏、秋肥配合施；重视氮肥，氮肥与磷钾肥及微量元素肥配合施；重视根部肥，根部施肥与根外追肥配合施。

(二)施肥数量

1. 低用量

每采收 100 千克干茶，吸收土壤纯氮约 4.5 千克。一般从茶园采收 100 千克干茶应补偿 10 千克纯氮，才能维持土壤原有肥力水平。如预计每亩产 150 千克干茶，应施 15 千克纯氮，其中，5 千克做基肥，10 千克做追肥。

2. 中用量

茶园每采收 100 千克干茶，补施 12.5 千克纯氮，1/3 做基肥，2/3 做追肥。

3. 高用量

每采收 100 千克干茶，补施 15 千克纯氮，1/3 做基肥，2/3 做追肥。有机肥，如菜饼、厩肥、堆肥、绿肥等，应每年或隔年基施，也可作为隔行施，并结合施磷钾肥，于秋茶后施入。用量一般为采摘茶园每亩施饼肥 150 千克或土杂肥 1 500 千克。

(三)施肥次数与配比

在茶园施肥中，追肥次数可适当多些，使土壤中有效氮含量的季节分布比较均衡，在茶树生长的各个高峰能吸收到较多的养分，以利于增加茶叶全年产量。每年施 2 次的为：春茶前施 60％，夏茶前施 40％。每年施 3 次的为：春茶、夏茶、秋茶前，分别施 40％、30％和 30％，或 50％、25％和 25％。每年施 4 次的为：春茶前施 40％，夏茶前 20％，三茶前施 20％，四茶前施 20％。氮、磷、钾的配比在(2～4)∶1∶1 的变幅内灵活择用。

（四）有机基肥施用方法

1. 深度

深挖 20～25 厘米肥料沟施。质地黏重的黄泥土，可适当深施以利改土培肥，使根系深扎；沙质土宜适当浅施，以减少淋溶损失。

2. 时间

宜早不宜迟。以浙江省杭州茶区为例，一般在寒露，即 10 月 8 日前后即可施基肥，最晚不过立冬，即 11 月 8 日左右。如与秋收、冬种劳动力有矛盾，可提早至 9 月下旬进行。

（五）化肥使用方法

1. 深度

常用的碳酸氢铵易挥发，沟施深度应达到 10 厘米，并随施随覆土。尿素可适当浅施。

2. 时间

碳酸氢铵做春肥，适用期为茶芽鳞片至鱼叶开展时，即早芽种 2 月下旬至 3 月上旬，中芽种 3 月中旬，迟芽种 3 月下旬至 4 月上旬。尿素配比碳酸氢铵提前 5～7 天施。夏、秋季追肥，应选择在茶叶采摘高峰后施入。杭州茶区夏季追肥一般在 5 月下旬；秋茶在 7～8 月，但不宜伏旱期施肥，应施在伏旱前后。

第六章　主要蔬菜营养与施肥

蔬菜多为喜硝态氮作物，在栽培介质中存在硝态氮和铵态氮时，蔬菜一般倾向于吸收硝态氮。如番茄、菠菜等在完全供给硝态氮时产量最高，随着铵态氮供给比例的增加，产量逐渐下降。菠菜在100%的铵态氮中几乎不能生长。

蔬菜需钙、硼、钼较多。常见蔬菜缺钙的症状有：大白菜、甘蓝、莴苣的"叶焦病"和"干烧心病"，番茄、辣椒的"脐腐病"等。蔬菜需硼量也比较大，一般蔬菜植株体内硼含量在10毫克/千克以上，甜菜可高达75.6毫克/千克。许多蔬菜土壤供应硼不足时容易发生缺硼症状，如芹菜的茎裂病、萝卜的褐心病或水心病、甜菜的心腐病等。一般豆类蔬菜和十字花科蔬菜钼的含量较高。

蔬菜对土壤肥力要求高，蔬菜对土壤养分含量的要求远远高于大田作物。章永松等研究了土壤有效养分丰缺的指标（表6-1），应注重提高土壤肥力水平，以保证蔬菜生产持续优质、高产和稳产。

表6-1　土壤有效养分丰缺状况的分级

土壤养分含量（毫克/千克）						土壤养分丰缺状况
水解氮	有效磷	速效钾	交换性钙	交换性镁	有效硫	
小于100	小于30	小于80	小于400	小于60	小于40	严重缺乏
100～200	30～60	80～160	400～800	60～120	40～80	缺乏
200～300	60～90	160～240	800～1200	120～180	80～120	适宜
大于300	大于90	大于240	大于1200	大于180	大于120	偏高

蔬菜的品种很多，能够种植的蔬菜有200多种，已大规模种植的有50多种，可分为瓜类、豆类、茄果类、叶菜类、根菜类、葱姜类等。各类蔬菜的主要生物学特性不同，营养特性也有所差异，因此应采用不同的施肥技术。总的原则是：有机肥料和化肥配合施用，按需施用大量元素，适时适量补充中量元素和微量元素肥料。基肥以有机肥和磷钾肥为主，有机肥的用量每亩不低于3 000千克，追肥以速效化肥为主。追肥的次数，露地蔬菜2～3次，设施栽培蔬菜应适当增加施肥量和施肥次数。定植或播种前深翻土壤、整平耙实，取土测定土壤养分状况，根据土壤肥力应用测土配方施肥技术确定施肥量和施肥方法，或推荐施肥量与施肥技术。

第一节　瓜类蔬菜营养与施肥

瓜类蔬菜有黄瓜、甜瓜、西瓜、西葫芦、南瓜、丝瓜、冬瓜等，该类蔬菜喜湿不耐涝、喜肥不耐肥，适宜富含有机质的肥沃土壤。

一、黄瓜

（一）营养特点

黄瓜为一年生草本蔓生攀缘植物，根系主要分布在0～25厘米的土层内，10厘米内最为密集，属浅根性蔬菜。黄瓜对土壤条件要求较高，土壤水分过多或过少，土壤通气不良等，均会影响黄瓜的生长和产量。适宜中性或弱酸性的土壤。黄瓜吸水能力强，耗水量大，需要经常灌溉。

黄瓜产量高，因此对养分的需要量比较大，每生产1 000

千克黄瓜需要吸收氮 2.8～3.2 千克，磷 0.5～0.8 千克，钾 2.7～3.7 千克，钙 2.1～2.2 千克，镁 0.4～0.5 千克，对养分的需求是钾＞氮＞钙＞磷＞镁。

黄瓜的生育周期分为幼苗期、初花期和结果期。黄瓜不同生育期对养分的吸收不同，初花以前，植株生长缓慢，对养分的吸收量比较少，随着不断的开花结果，养分的吸收量逐渐增加。在整个生长发育的过程中对氮的吸收有两次高峰，分别出现在初花期至采收期，采收盛期至拉秧期。对磷、钾、镁的吸收高峰在始采期到采收盛期，对钙的吸收在盛采期至拉秧期。

（二）施肥技术

1. 基肥

播种或定植前结合土壤耕翻施入土壤中或播种时距种子 15 厘米左右开沟施用。一般每亩施优质的农家有机肥料 3 000～4 000 千克，磷酸二铵 10～15 千克和硫酸钾 15 千克混合后施用。

2. 追肥

黄瓜是连续采收的蔬菜，需要不断追肥，以保证果实的正常生长发育和植株的健壮生长。依据土壤肥力和土壤质地情况，一般追肥 3～5 次，原则以速效化肥为主。

①结瓜初期进行第一次追肥，每亩施用尿素 10 千克（或硫酸铵 20 千克），硫酸钾 10 千克。

②盛瓜期进行第二次追肥，以后每 15～20 天追肥一次，每次追肥的数量可适当减少，最后一次追肥可以不追钾肥。在结瓜盛期可用 0.5％的尿素和 0.3％～0.5％的磷酸二氢钾水溶液叶面喷施 2～3 次。

二、西瓜

（一）营养特点

西瓜是一年生蔓生草本植物，根系发达。主根深度可达1米以上，主根上长出一级侧根，从一级侧根上长出二级侧根，一、二级侧根呈水平分布，半径可达1.5米，形成西瓜根系的骨架。西瓜对土壤条件要求不是很严格，以土层深厚、排水良好、肥沃的壤土和沙质壤土为好。

西瓜一生分为幼苗期、抽蔓期和结果期，不同发育时期对养分的需求有所不同。幼苗期吸收养分的数量比较少；抽蔓期生长量加快，吸收量逐渐增加；结瓜期，生长量最大，吸收量也最大，吸收量占总吸收量的80%以上，每生产1 000千克的西瓜需氮2.5～3.3千克，磷0.3～0.6千克，钾2.3～3.1千克。

（二）施肥技术

1. 基肥

一般每亩施用优质农家有机肥料4 000～5 000千克，磷酸二铵25～30千克，硫酸钾10～15千克，结合耕翻施用或集中施入播种畦或瓜沟内。

2. 追肥

西瓜抽蔓期和果实生长盛期吸收营养元素较多，应重点追肥。

①伸蔓肥（预施结果肥），第一次追肥在西瓜团棵后，每亩施用硫酸铵7.5～15千克，硫酸钾15千克。有条件的可施用饼肥，有利于植株健壮生长，而且不会徒长。

②结果肥，幼果有鸡蛋大小时开始进行第二次追肥，目的

是促进果实膨大，维持植株长势。每亩施用硫酸铵 10～15 千克，硫酸钾 5 千克。

③瓜长到碗口大小时（坐瓜后 15 天左右），每亩追施尿素 5～10 千克、磷酸二铵 5 千克、硫酸钾 7.5～10 千克。此外，在西瓜生长期间，可以结合防治病虫害，在药液中加入 0.2%～0.3%的尿素和磷酸二氢钾（二者各半），进行叶面喷肥，每隔 10～15 天喷 1 次。也可以单独喷施。

第一批果实采收后，如拟延长生长季节，争取结 2、3 次果，应再追肥 2～3 次。具体方法参照上面的结果肥。

三、西葫芦

（一）营养特点

西葫芦为一年生草本植物，根系发达，主要根群深度为 15～20 厘米，分布范围 120～210 厘米。耐低温和弱光的能力强，具有较强的吸水力和抗旱能力，对土壤的要求也不太严格，在沙土、壤土或黏土上均可很好地生长，而且产量高，病害相对较轻、采瓜期长。

西葫芦的生育期分为幼苗期、初花期、结瓜期。幼苗期需肥量较少，随着开花结果对养分的需求逐渐增大。西葫芦属喜肥蔬菜，对养分的需要量比黄瓜高，每生产 1 000 千克西葫芦需要氮 3.92 千克、磷 2.13 千克、钾 7.29 千克。

（二）施肥技术

1. 基肥

西葫芦对厩肥、堆肥等有机肥料具有良好的反应，施肥应以有机肥为主，肥料配合上必须注意磷肥、钾肥的供给。基肥的用量一般每亩施用 5 000～7 000 千克优质农家有机肥料、尿素10～15千克、磷酸二铵30～40千克、硫酸钾30～40千克。

2. 追肥

①当根瓜开始膨大时进行追肥，每亩追施尿素10～15千克、磷酸二铵10千克、硫酸钾20千克。

②在果实生长和陆续采收期间，根据长势应追肥2～3次，每次每亩施用尿素10～15千克。

第二节　豆类蔬菜营养与施肥

豆类蔬菜包括菜豆、豇豆、豌豆、采用大豆、蚕豆、刀豆、扁豆等。豆类蔬菜最大的营养特点是根系具有根瘤，能固定空气中的氮素，因此，对氮肥的需要量少，但需磷肥、钾肥比较多，对土壤养分要求不严格。

一、菜豆

（一）营养特点

菜豆俗称四季豆、芸豆，以食用嫩荚和种子为主，是我国重要的春、夏、秋季蔬菜。菜豆根据其茎的生长习性可分为矮生菜豆和蔓生菜豆。菜豆的根系比较发达，直根入土深。主根和侧根上可形成根瘤，可固定空气中的氮素，能为菜豆生长发育提供约1/3的氮素营养，因此，对氮肥的需要量少。菜豆适宜生长的pH值为5.5～6.5，耐酸能力较弱，土壤pH值下降时严重影响菜豆的生长。

每生产1 000千克菜豆需要吸收氮10.1千克、磷1.0千克、钾5.0千克，其中，氮素约1/3来自根瘤菌固氮。不同品种养分的需要量不同，矮生菜豆比蔓生菜豆对养分的需要量少。矮生菜豆生育期短，从开花盛期就开始大量吸收养分；蔓生菜豆生育期长，到嫩荚伸长时才开始大量吸收养分。菜豆对磷的需要量不多，但缺磷使植株和根瘤菌生育不良，严重影响产量。菜豆的生育期分为幼苗期、抽蔓期和开花结荚期，苗期和结荚期是施肥的关键时期。

(二)施肥技术

1. 基肥

播种或定植前结合土壤耕翻施入土壤中，或播种时距种子15厘米左右开沟施用。菜豆根系的根瘤固氮作用较弱，尤其是在根瘤菌未发育的苗期，利用基肥中的养分促进菜豆的生长发育非常重要。一般每亩施优质的农家有机肥料3 000～4 000千克，尿素10千克、磷酸二铵15千克和硫酸钾10千克混合后施用，或复合肥20～30千克。矮生菜豆可适当减少。菜豆根系需要良好的通气条件，施用未腐熟的鸡粪或其他有机肥，土壤容易产生有害气体，氧气减少，引起烂种和根系过早老化。因此基肥应选择完全腐熟的有机肥，也不宜用过多的氮素肥料。

2. 追肥

根据土壤肥力状况和菜豆长势，一般蔓生菜豆追肥2～3次，矮生菜豆追肥1～2次。

①播种后20～25天，菜豆开始花芽分化时可适当追肥，育苗移栽的菜豆在缓苗后可适当追肥，每亩追施尿素5～10千克，磷肥5～10千克。

②开花结荚期追肥。菜豆坐荚后根据菜豆的长势追肥，每亩用尿素5～10千克、硫酸钾5千克。

③第一次收获后，菜豆进入开花结荚盛期，进行第3次追

肥，以速效氮肥为主，如尿素10千克。在收获的中后期，如发现脱肥现象，可再追施尿素10千克左右，防止早衰延长生长期，增加产量。

二、豇豆

(一)营养特点

豇豆根系发达，主根能达到1米深，侧根可达0.8米。对土壤条件要求不严格，旱地、贫瘠土壤也能生长，壤土和沙壤土生长效果最好。相对于其他豆类蔬菜，豇豆根瘤菌较少，固氮能力弱，因此，豇豆要求适当多施基肥，保证前期生长有充足的氮素供应。

每生产1 000千克豇豆需要吸收氮12.2千克(部分氮素由根瘤菌固氮提供)、磷1.1千克、钾7.3千克，豇豆需钾量较多。在植株生长发育的前期，根瘤尚未充分发育，需供给一定量的氮肥，氮数量不宜过多，以免引起徒长，应氮磷钾配合施用。豇豆与其他豆类相比更容易出现营养生长过旺而影响开花结荚，因此，结荚前应通过控制肥水控制茎叶的生长，肥水过多会导致徒长，开花结荚部位上移，花序减少。

(二)施肥技术

1. 基肥

播种前结合土壤耕翻施入土壤中，或播种时距种子15厘米左右开沟施用。豇豆不耐肥，如果土壤肥沃，基肥可适当少施；如果土壤贫瘠，基肥可适当多施。基肥的用量一般为优质农家有机肥料2 000～3 000千克，尿素5千克、磷酸二铵15千克和硫酸钾5千克混合后施用。

2. 追肥

根据土壤肥力状况和豇豆的长势，一般追肥 2～3 次。

①当嫩荚开始伸长时，进行第一次追肥，每亩追施尿素 5～10 千克、硫酸钾 5 千克。

②采收盛期根据豇豆的长势，再追肥 1～2 次，每亩追施尿素 5～7.5 千克。

第三节 茄果类蔬菜营养与施肥

茄果类蔬菜有番茄、茄子和辣椒等，多为无限生长型，边现蕾、边开花、边结果，生产上要注意调节营养生长与生殖生长的矛盾。花果类蔬菜对钾、钙、镁的需求量比较大，特别是在果实采收期开始，容易产生缺素症状，如番茄、辣椒的果实脐腐病等。茄果类蔬菜的采收期比较长，需要边采收边供给养分，才能满足不断开花结果的需要，否则植株早衰，采收期缩短。

一、番茄

（一）营养特点

番茄根系发达，分布广而深，吸收能力和再生能力强。要求有良好的土壤条件，充足而平衡的养分供应。施肥不合理易给番茄生长带来不利的影响，如氮素过多容易落花落果、果实畸形，钾素不足易早衰、抗性下降，缺钙易出现脐腐病，影响产量和品质。

番茄的生育期可分为发芽期、幼苗期、开花着果期、结果期。采收期长，需要边采收边供给养分。从幼苗移栽到开花前对养分的需求量较少，尤其磷的吸收更少，钾和钙的吸收量最大，开花后养分的吸收量逐渐增加，到果实形成期则成倍增加。番茄对营养元素吸收的特性主要表现在对钾素的需求量最大，氮素次之，磷素最小。每生产 1 000 千克的番茄需氮 2.1～3.4 千克、磷 0.3～0.4 千克、钾 3.1～4.4 千克。

(二)施肥技术

1. 基肥

定植前结合耕翻施入到土壤中的肥料，施足基肥是高产的基础，应以有机肥料为主配合施用化肥。每亩应施用腐熟的农家有机肥料 4 000～5 000 千克，过磷酸钙 40～50 千克或磷酸二铵 10～15 千克，硫酸钾 10～15 千克。

2. 追肥

移栽后到坐果前，以控为主，不追肥。第一果穗有乒乓球大小时开始追肥，以后根据番茄长势、土壤条件和天气状况每隔 10～15 天追肥一次。每次追施尿素 20～30 千克、磷酸二铵 5 千克、硫酸钾 20～30 千克。注意每层开花坐果时肥量要降低，每层膨果时肥量要增加。

根据番茄的长势，在结果盛期可进行叶面施肥，防止早衰，一般用 0.3%～0.5%的磷酸二氢钾、0.1%～0.2%的尿素或 0.1%硼砂溶液。

二、茄子

(一)营养特点

茄子的根系发达，根深叶茂，垂直根系可达 1～1.3 米，主要根群分布在 33 厘米内的土层，根系损伤后再生能力差。生长结果期长，养分的吸收量大。茄子对养分的吸收量，随着生育期的延长而增加，进入结果期养分吸收量迅速增加，从采果初期到结果盛期养分的吸收量可占到全生育期的60%以上。茄子对氮、磷、钾的吸收特点为：吸钾最多，其次是氮，吸磷最少。每生产1 000千克的茄子需氮2.6～3.0千克、磷0.3～0.4千克、钾2.6～4.6千克。

（二）施肥技术

1. 基肥

定植前结合耕翻施入到土壤中的肥料，应以有机肥为主配合施用化肥。每亩施用有机肥4 000～5 000千克，过磷酸钙25～30千克或磷酸二铵10～15千克，硫酸钾10～15千克。

2. 追肥

①第一次追肥是在“门茄”长到3厘米时，即“瞪眼期”（花受精后子房膨大露出花萼时），果实开始迅速生长时进行。每亩追施纯氮尿素10～12千克或硫酸铵20～25千克。

②当“对茄”果实膨大时进行第二次追肥，追肥量同上。

③以后根据茄子长势、土壤质地及天气条件，每隔15～20天追肥一次，直到“四母斗”收获完。

三、辣椒

（一）营养特点

辣椒根系不发达，根系少，主要分布在15～30厘米的土层内，横向分布在25～30厘米。对土壤的适应性比较广，但以中性至微酸性土壤最好。

辣椒在各个不同生育期，对氮、磷、钾等营养物质吸收的数量不同，从出苗到现蕾，约占吸收总量的5%；从现蕾到初花植株生长加快，对养分的吸收量增多，约占吸收总量的

11%；从初花至盛花结果是营养生长和生殖生长旺盛时期，也是吸收养分和氮素最多的时期，约占吸收总量的34%；盛花至成熟期，对磷、钾的需要量最多，约占吸收总量的50%。辣椒对氮素的吸收随着生育进程逐渐增加；磷的吸收在不同阶段变幅较少；钾的吸收在生育初期较少，从果实采收开始明显增加，一直持续到结束；钙的吸收随着生长期逐渐增加，若在果实发育期钙素不足，易出现脐腐病；镁的吸收高峰在采果盛期。每生产1 000千克的辣椒需氮3.5～5.5千克、磷0.3～0.4千克、钾4.6～6.0千克。对氮、磷、钾的吸收特点为钾>氮>磷。

（二）施肥技术

1. 基肥

定植前结合耕翻施入到土壤中的肥料，应以有机肥为主配合施用化肥。每亩施用有机肥5 000～6 000千克，尿素10千克、过磷酸钙50千克或磷酸二铵20～25千克，硫酸钾15千克。

2. 追肥

①第一次追肥在辣椒膨大初期，以促进果实膨大。每亩追施尿素30千克，硫酸钾20千克。

②盛果期进行第二次追肥，以后根据辣椒的生长情况、土壤条件和天气情况结合浇水追肥2～3次。

叶面追肥有利于有机物的积累，防止落花、落果，一般增产率在10%以上。在开花期喷0.1%～0.2%的硼砂水溶液，可提高坐果率，在整个生长期可多次喷0.3%～0.4%的磷酸二氢钾溶液。

四、烟草配方施肥技术

(一)烟草

烟草对钾素的需求量大于氮、磷元素，钾肥能明显提高烟草的品质。烟草施用磷、钾肥适当过量，对品质影响不明显。最难掌握的是氮肥施用。烟草早期氮素不足，不利于烟草早产快发；成熟期吸氮过多，叶片粗糙肥厚，烟碱含量过高。所以应以用氮量为准，确定肥料中氮、磷、钾的比例。试验资料表明，烟草氮、磷、钾化肥适宜比例，北方地区，氮∶磷∶钾比为1∶1∶1，南方地区为1∶0.75∶1.5。如果每亩产干烟草15千克，一般需氮肥6～9千克，则北方地区氮、磷、钾的平均施肥量为7千克、7千克、7千克，南方地区为8千克、6千克、12千克。

1. 氮

氮是植物的主要营养元素，它的多少对烤烟产量和品质的影响最大。不管植烟土壤类型如何、含氮量多少，要得到适当产量和优良品质的烟叶，都必须施用氮肥。氮素是细胞内各种氨基酸、酰胺、蛋白质、生物碱等化合物的组成成分。蛋白质是生命的基础，是细胞质、叶绿体、酶等的重要构成物质，是对烟草产量、品质影响最大的营养元素。

严重缺氮时烟株生长缓慢、瘦弱矮小，下部叶片黄化并逐渐向中上部叶扩展，烟叶变薄，早花、早衰，严重影响烟叶产品的质量。铵态氮过量时，基部和中部叶片除叶脉保持绿色外，其余组织失绿黄化，进而枯焦凋落，叶片向背面翻卷。

2. 磷

磷是重要的生命元素，在生物体的繁育和生长中起着不可代替的作用。它是烤烟必需的营养元素，在烤烟体内它是许多有机化合物的组成成分，并以各种方式参与生物遗传信息和能量传递，对促进烤烟的生长发育和新陈代谢十分重要。烤烟的产量和品质均同磷素营养状况密切相关。磷素不足时，碳水化合物的合成、分解、运转受阻，蛋白质、叶绿素的分解亦不协调，因而叶色呈深绿色或暗绿色。磷在植株体内易于移动，磷素不足时，衰老组织中的磷素向新生组织中转移，使下部叶片首先出现缺磷症状、叶面发生褐色斑点，而上部叶仍能正常生长。生长前期缺磷，植株生育不良，抗病力与抗逆力明显降低；生育后期缺磷，成熟迟缓。

烟株苗期缺磷，叶片小，色泽暗绿色，接着在烟株中上部叶片出现与气候斑相似的小斑点。缺磷烟株整株叶色深绿，茎节缩短，上部烟叶呈簇生状，叶片短而窄。大田缺磷烟株，在烈日下中上部烟叶易发生凋萎。烟株继续缺磷，老叶开始出现枯死的叶斑，叶斑内部色浅，周围深棕色呈环状，有的斑连成块，枯焦。

3. 钾

钾素是烟草吸收量最多的营养元素。它不是植株的结构成分，通常被吸附在原生质的表面，对参与碳水化合物代谢的多种酶起激活作用，与碳水化合物的合成和转化密切相关；钾能提高蛋白质分解酶类的活性，从而影响氮素的代谢过程；钾离子能提高细胞的渗透压，从而增加植物的抗旱性和耐寒性；钾也能促进机械组织的形成而提高植株的抗病力。钾可以提高烟叶的燃烧性，提高烟草的吸食品质，故烟草含钾量亦被视为烟草品质的重要指标之一。

由于钾在烟株体内呈离子态存在，容易移动，当供钾不足时，衰老组织内的钾向新生组织移动。当叶片含钾量低到一定程度、氮和钾比例失调时，就会出现缺钾症状。首先在叶尖部出现黄色晕斑，随缺钾症加重，黄斑扩大，斑中出现坏死的褐色小斑，并由尖部向中部扩展，叶尖叶缘出现向下卷曲现象，严重者坏死枯斑连片，叶尖、叶缘破碎。烟株早期缺钾，在幼小植株上，症状先出现在下部叶片上，叶尖发黄，叶前缘及叶脉间产生轻微的黄色斑纹、斑点，随后沿着叶尖叶缘呈“V”形向内扩展，叶缘向下卷曲，并逐渐向上部叶扩展。田间缺钾症状，大多在进入旺盛生长的中后期，在上部叶片首先出现，除严重缺钾外，下部叶片一般不出现缺钾症。在生长迅速的植株上，症状比氮素过多时会更为严重。过多的钾并不造成明显可见的症状。

4. 镁

镁的最主要功能是作为叶绿素的中心原子，位于叶绿素分子结构叶琳环的中间，是叶绿素中唯一的金属原子。镁是酶的强激活剂，在烟株中参与光合作用、糖酵解、三羧酸循环、呼吸作用、硫酸盐还原等过程的酶，都要依靠镁来激活。镁在有些酶中的激活作用是专性的，例如：磷酸激活酶、磷酸转移酶等；而对有的酶则是非专性的，例如：烯酸酶、三羧酸循环中的脱氢酶等。缺镁时叶绿素的合成受阻，分解加速；同时叶绿素内类胡萝卜素的含量降低，因而使光合作用强度降低。镁在烟株体内容易移动，缺镁时生理衰老部位中的镁向新生部位移动。所以，烟株缺镁时，下部叶失绿发黄，叶边缘及叶尖开始发黄并向上扩展；严重时，除叶脉仍然保持绿色、黄绿色外，叶片将全部变白，叶尖出现褐色坏死。

烟株缺镁主要发生在大量降水期间的沙质土壤上，在任何一个生长阶段都会出现缺镁。一般正常叶含镁量为其干重的0.4%～1.5%，当低于0.2%就会出现缺镁症状；在0.2%～

0.4%时，会出现轻度缺镁症。当叶片内钙、镁比值大于8时，即使含镁量在正常范围，亦会出现缺镁症状。吸镁过多，有延迟成熟的趋向。

5. 钙

烤烟中钙的含量很高，正常情况下烤烟灰分中钙的含量仅次于钾。但由于受土壤条件的影响，许多烟区烟叶中钙的含量却都超过了钾。吸收的钙一部分参与构成细胞壁，其余的以草酸钙及磷酸钙等形态分布在细胞液中。钙与硝态氮的吸收及同化还原、碳水化合物的分解合成有关。钙是烟株体内不能再利用的营养元素，缺钙时淀粉、蔗糖、还原糖等在叶片中大量积累，叶片变得特别肥厚，根和顶端不能伸长，植株发育不良。症状首先出现在上部嫩叶、幼芽上，叶尖叶缘向叶背卷曲，叶片变厚似唇形花瓣状，叶色呈深绿色；症状严重时顶端和叶缘开始折断死亡，如继续发展，由于尖端和叶缘脱落，叶片呈扇贝状，叶缘不规则。

（二）烟草的施肥技术

1. 施肥原则

目前，氮、磷、钾三要素仍是烤烟施肥中最主要的问题。其中氮是第一位的。烟草氮肥的供应原则为：生育前期要充足，旺长期要足而不过，成熟期要低而不缺。施肥中应注意以下几个方面：第一，对烤烟产量、质量关系最密切的氮肥用量和不同形态氮素比例问题；第二，在施氮量确定后，氮、磷、钾的配比问题；第三，有机肥的合理施用以及中、微量元素肥料的配合施用问题。总的原则是有机与无机相结合，硝态氮与铵态氮相结合，基肥与追肥相结合，地下与地上相结合，大量元素和中、微量元素相结合，以达到营养的协调与均衡。

2. 施肥量的确定

在目前烟草的生产水平下，确定适宜施肥量应以保证获得最佳品质和适宜产量为标准，根据确定的适宜产量指标所吸收的养分数量，再依据烟田肥力的情况等来设计施肥方案。烟草适宜施肥量，最重要的是以氮数量来确定。正确地确定氮素用量，要根据使用的栽培品种、土壤肥力状况、肥料种类和土壤与肥料中氮素的利用率来确定。目前确定施氮数量的方法大多数用测土施肥法和经验施肥法。

(1)测土施肥　测土施肥就是测定土壤的有效氮数量，来求出烟草从土壤中吸收的氮量。这个量与预定产量时吸氮总量的差数，就是烟草应从肥料吸收的氮量，再除以所施氮肥的吸收利用率，就得到了应施用的氮肥数量。土壤有效氮素与肥料中氮素的利用率，因不同肥力与质地的土壤、不同栽培品种、年度间降水量与降水分布不同，而有较大的变化。目前，最好的方法是用同位素^{15}氮(^{15}N)标记法，可准确地求得土壤中有效氮与肥料中氮素的利用率。近年研究认为，0～60 厘米土层含有效氮的含量与烤烟产量有较高的相关性。

(2)经验施氮量　选择产区内当地植烟代表性土地，将土壤性状相同的土地，按肥力划分为高低几个等级，每个等级的烟田，以获得产量品质双优田块的施氮量为准，参照该地前茬产量、施肥情况、当年降水状况，提出下年度各肥力等级土地，各种情况下的适宜施氮量标准。这种方法是建立在取得当地情况下烟叶优质适产实际结果田块的基础上，所以有较强的实用性与可靠性。

(3)施氮量确定　生产中，由于气候条件、土壤肥力、土壤理化性状等千差万别，氮素用量很难有一个确切的数值，应根据实际情况综合考虑。近些年来，广泛开展了测土施肥，为确定适宜的施肥量提供了科学依据，但仍不能达到理想的效果。通常，施氮量按下列公式推算。

预定适宜产量的无肥区烟草的氮素用量=烟草氮素总吸收量-杂草吸收氮量

施用肥料的种类不同，氮素利用率不同，对烟株生长发育影响也不同。酰胺态氮容易导致烟叶对氮的过量吸收，造成贪青晚熟；硝态氮肥效快、持续时间短，既能促进前期烟株旺盛生长，又有利于后期烟株落黄、成熟；有机氮肥的肥效慢且长，氮素的释放时间及其吸收量不易预测和控制。

(4)施磷量确定　烟草对磷肥的吸收量远小于氮、钾，仅为吸氮量的1/4～1/2，但由于磷肥的吸收利用率低，如过磷酸钙的利用率只有10%～20%，所以生产上施用氮、磷比例一般为1∶(1～1.5)。

(5)施钾量确定　烟草对钾的吸收是氮、磷、钾三要素中最多的，是氮的1.5～2倍。充足的钾对提高烟叶品质有良好的作用。根据理论数据，结合各地的实际情况，钾肥的施用量一般控制在施氮量的1.5～3倍。

(6)有机肥确定　有机肥被称为完全营养肥料，含有大量的有机质和多种矿质元素，具有肥效平稳、供肥能力持久的特点，对平衡营养、改善土壤理化性状等都有积极作用。适用于烟草的有机肥种类很多，主要有各种农家肥(厩肥、堆肥等)、绿肥(苜蓿、紫云英、苕子等)和各种饼肥(豆饼、花生饼、菜籽饼、芝麻饼等)。烟草常用的有机肥料有：堆肥、厩肥、圈肥、绿肥、人尿粪、畜尿粪、各类油脂的糟粕、腐殖肥以及土杂肥等。有机肥由于构成肥料的材料不同，即使同名的肥料，其有效养分的含量也千差万别。有机肥料中含有比土壤高得多的分解、半分解与未分解的有机物质，含有烟草多种必需的大量与微量营养元素，是一种完全肥料，易被根系吸收。另外，各类油脂粕在被微生物分解过程中，还产生一些类生长素、抗生素等具有生理活性的物质，对于促进和保持根系的各种生理活性有良好的作用。有机肥料含有胶体类物质，多孔疏松，在改善和保持土壤良好物理性状方面有明显作用。由于有机肥料既含有一定数量的速效养分，又含有相当数量在土壤中逐步分解才释放出来的养分，具有较高的持续供肥能力。但施用过量时，容易造成供肥后劲过长、过大，使烟叶成熟期供氮水平过高，影响落黄成熟，尤其是土壤有机质含量高，土壤速效氮素释放迟的黏质土壤，要特别注意有机肥料施用不要过量。

在有机肥施用时，对掺混入、畜粪尿的有机肥，不能施用过量，以免造成烟株吸氯过量而影响品质。烟草施用的有机肥，除了强调要充分腐熟外，在土壤和地下水含氯量高的烟田，尽量避免掺入过多的含氯粪尿。有机肥主要是当作基肥施用，在春季耕翻和起垄时将全部有机肥一次性施完，也有少数地区作追肥施用。我国多数地区的烟田，分布在有机质含量低，土壤物理化学性状不良的贫瘠土地上，施用有机肥料，对于提高和稳定烤烟产量和品质具有重要作用。

施用有机肥应注意的问题。有机氮的比例以占总施氮量的25%左右较为适宜。施用有机肥时，一是应尽量不用含氯量高的人、畜粪尿，避免烟株吸氯过多，造成烟叶黑灰熄火，品质低劣。而堆肥经过发酵和降水淋溶，使含氯量降至适宜值后方可适量施用。二是经过完全腐熟后的有机肥在施用前，最好晒干压碎后施用，以利有机肥料的营养释放，避免挥发性有毒物质对烟株的危害。三是对土壤有机质含量高、速效氮释放高峰迟的黏质土壤，不要过量施用有机肥，以免烟株后期吸氮过高。四是有机肥与无机肥混合施用（禁止用不能混合使用的种类），使肥料间养分互补，对提高烟叶品质有利，有条件的地方种植绿肥压青是很好的培肥措施。

有机肥的施用方法。有机肥在施用时可全部用作基肥，或将1/2～2/3有机肥与全部磷钾肥以及部分氮肥混合后用作基肥，其余的部分与化肥一起作为追肥施用。

用作基肥的有机肥一般移栽前开沟条施，或结合起垄条施。另一种为穴施，即将肥料在烟株移栽前直接施于穴内，大多数烟农习惯用饼肥穴施。可将条施和穴施结合，先将一部分肥料在开沟或起垄时条施，然后将剩余的肥料移栽时穴施；也可将全部有机肥采用全层施肥方法，均匀地撒施于田面，然后浅耕整地移栽。

（三）有机肥施用

根外追肥具有对养分吸收速率高，烟株吸收得快、吸收利用率也高，叶面吸收的养分能迅速运转至烟株其他部位等特点。

目前叶面营养剂种类很多，施用时要根据烟田中烟株的长相，表现出缺乏哪些养分，选用含有相应养分的叶面营养剂。可以直接喷洒所缺元素的水溶液，但注意喷洒的剂量，以免过量施用造成毒害。

叶面营养剂的施用方法，主要采用喷雾法，雾点越细，效果越好。喷洒时，营养剂溶液的总浓度以不超过1%为安全，空气干燥时，还应降低浓度以防烧伤叶片。喷洒的时间，以下午近傍晚时为佳。喷洒时将喷头向上，喷洒在叶背面，效果更好。叶面营养剂可以和普通的杀虫剂农药混合施用，以节省人工。

第四节　叶菜类蔬菜营养与施肥

叶菜类蔬菜包括大白菜、结球甘蓝、芹菜、菠菜、莴苣等，在养分的吸收上有其共同特点：一是对氮、磷、钾养分的需要以氮和钾为主，比例约为1∶1；二是多数根系比较浅，属浅根型作物，抗旱和抗涝的能力都比较低；三是多数叶菜类养分吸收速度的高峰是在生育的前期，因此，叶菜类蔬菜前期营养供应非常重要，对产量和品质都有重要的影响。

一、大白菜

（一）营养特点

大白菜又称结球白菜，根系发达，由胚根形成肥大的肉质直根，着生大量的侧根，由2～4级侧根形成发达的网状根系，这些根系99%分布于地表以下30厘米深的土层。因此，要求土层深厚、质地疏松、供肥能力高的土壤。适宜生长的pH值为6.0～6.8。

大白菜生长期长、产量高，对养分的要求也高。每亩地产量可达1万多千克，形成如此高的产量需要充足的营养物质保障。据陈佐忠等人测定，大白菜可食部分含氮3.4%、磷0.4%、钾3.09%、钙1.08%、硫0.36%、铁0.012%和硅0.001%，可见大白菜体内含氮、磷、钾比较高。大白菜氮、磷、钾的含量在不同部位也不同，在叶片中含量最多，约占90%；茎盘中含量占6%左右，根占3%左右。不同叶位养分含量差异也很大，含氮量是外叶含量低于心叶含量，磷、钾、钙、镁含量是随着叶位的增加而降低（表6－2）。

表 6-2 大白菜不同叶位养分含量(以干重计)

(%)

叶位	氮	磷	钾	钙	镁
1～10	3.31	0.96	6.87	5.40	0.23
11～20	3.64	1.01	6.46	2.54	0.21
21～30	4.41	0.94	5.37	2.12	0.21
31～40	4.89	0.92	5.06	1.52	0.20
41～50	4.83	0.88	4.62	1.32	0.10
51～60	4.90	0.79	5.66	2.00	0.19
芽	5.15	0.86	4.31	1.04	0.19

大白菜是需肥较高的蔬菜。据资料报道，平均单株一生需要吸收氮 6.46～8.65 克、磷 1.21～1.61 克、钾 9.18～13.94 克。每生产 1 000 千克的大白菜需氮 1. 8～2.6 千克、磷 0.4～0.5 千克、钾 2.7～3.1 千克，其比例约 4.6∶1∶7.6，钾的需要量明显高于氮和磷。大白菜为喜钙蔬菜，环境条件不良、管理不善时会导致生理缺钙，出现干烧心病，对大白菜的品质影响很大。因此，除了保证氮、磷、钾营养元素的供应外，还要保证钙的供应。

大白菜生长发育过程分为营养生长和生殖生长两个阶段。营养生长阶段包括发芽期、幼苗期、莲座期、结球期。生殖生长阶段包括返青期、抽薹期、开花期和结实期。大白菜总的需肥特点是：苗期吸收养分较少，吸收量不足 1%；莲座期吸收养分明显增多，其吸收量占 30%；结球期吸收养分最多，约占总量的 70%。各时期吸收养分的比例也不同，苗期氮、磷、钾的比例为 5.7∶1∶12.7，莲座期为 1.9∶1∶5.9，包心期为2.3∶1∶4.1。

(二)施肥技术

1. 基肥

播种前需要大量有机肥做基肥，可结合土壤深耕翻施入土壤中。一般每亩施用腐熟有机肥 3 000～4 000 千克，撒施耕翻或开沟施用。土壤肥力高的地块可适量少施，土壤肥力低的新菜地应重施有机肥，并适量施用化肥作基肥。

2. 追肥

大白菜生长发育过程中一般追肥 3 次，需肥最多的时期是莲座期和包心结球初、中期，在此两个时期对养分的吸收速率最快，容易造成土壤养分亏缺，并表现出营养不足，因此在这两个时期要特别注意养分的供应。

①苗肥从播种到 30 天内为苗期，生物量仅占生物总产量的 3.1%～5.4%。主根已深达 10 厘米左右，并发生一级侧根，根系的吸收能力逐渐增强，可施入少量的提苗肥，促进幼苗生长。以速效氮肥为主，如尿素或硝酸铵 5 千克左右。

②莲座期追肥进入莲座期，自播种 31～50 天的 19 天内，生物量猛增，占生物总产量的 29.2%～39.5%。在距苗15～20 厘米处开沟或穴施氮磷钾复合肥 20～25 千克。

③结球期(包心期)追肥结球初、中期，自播种 50～69 天的 19 天内，生物量有更多的增长，占生物总产量的 44.4%～56.5%。这一时期的增重量是决定总产量高低及白菜品质的关键时期，需增加追肥量，应以氮肥为主，并配合施用磷钾肥。如每亩追施尿素或硝酸铵 20～25 千克，硫酸钾 20 千克或氯化钾 15 千克或相当数量的草木灰。

在土壤肥力差的土壤上，还可在莲座期至结球期进行叶面追肥，喷施 0.5%～1%的尿素和磷酸二氢钾，以提高大白菜的产量和品质。

结球后期自收获，自播种69～88天的19天内，生物量增长速度明显下降，相应吸收养分量也减少，占总生物量的10%～15%，一般不需再施肥。

3. 大白菜缺钙的矫治

大白菜缺钙多见于结球期，症状是内叶叶缘出现枯萎呈干烧心状，影响大白菜的产量、品质和食用价值。许多研究资料表明，大白菜缺钙并非完全因为土壤缺钙，氮肥用量过多和土壤干旱也会加重缺钙的发生。可通过叶面施肥补充，如用0.3%～0.5%硝酸钙或氯化钙溶液喷施，每隔7天一次，连喷2～3次即可见效。在喷施的溶液中加入生长素可以改善钙的吸收，如在0.5%的氯化钙溶液中加萘乙酸50毫克/升，在结球初期喷洒能提高喷施效果。

4. 硼肥的施用及效果

大白菜是需硼较多的蔬菜，其外叶适宜的含硼量为20～50毫克/千克(干重)，若含硼量小于15毫克/千克(干重)，容易产生缺硼。大白菜缺硼的症状为生长点萎缩，叶片发硬而皱缩，叶柄常有木栓化褐色斑块，叶柄出现横裂，不能正常结球或结球不紧实。对于缺硼的土壤施用硼肥，一般土壤有效硼小于0.5毫克/千克，每亩施用硼砂1千克做基肥，在莲座期或结球期喷施0.1%～0.2%的硼砂溶液，隔7天喷一次，连喷2次。

二、结球甘蓝

(一)营养特点

结球甘蓝是一种叶片肥大的结球性蔬菜，为浅根系，主根不发达，须根系发达，主要分布范围为在深 30 厘米、横向直径 80 厘米的土层中。结球甘蓝对土壤的适应性较强，从沙土到黏壤土均能生长。适宜的土壤酸碱性为中性到微酸性(pH 值为 5.5～6.5)，土壤过酸容易影响甘蓝对镁、磷、钼等营养元素的吸收。由于结球甘蓝原产地中海一带，因此具有一定的耐盐性，土壤含盐量达 1.2%的盐渍土中仍能生长。

结球甘蓝是一种产量高、养分消耗量大的蔬菜，形成 1 000千克商品产量需要吸收氮 4.1～6.5 千克、磷 0.5～0.8 千克、钾 4.1～5.7 千克，氮、磷、钾比例约为 8∶1∶7.5，结球甘蓝是需氮和钾较多的蔬菜。

结球甘蓝从播种到开始结球，生长量逐渐增大，对养分的吸收量也逐渐增加，氮、磷的吸收量为总吸收量的 15%～20%，钾的吸收量为 6%～10%。开始结球后，养分的吸收量迅速增加，氮、磷的吸收量占总吸收量的 80%～85%，钾的吸收量占总吸收量的 90%。因此需要根据结球甘蓝不同生育时期的营养特点进行合理施肥。

(二)施肥技术

1. 基肥

以有机肥料为主，配合施用适量的磷肥，一般在定植前结合整地每亩施用腐熟农家肥料 4 000～5 000 千克，可将磷肥 40～50 千克与其混合后堆积一段时间施用。

2. 追肥

春甘蓝定植时，可根据地力情况对水浇施适量的速效氮肥，如每亩施用尿素 7～10 千克，可加快缓苗，提高抗寒能力。

结球甘蓝蹲苗后可追施氮肥和钾肥，如每亩追施尿素10～15 千克，硫酸钾 20～25 千克。进入结球期后需肥量迅速增加，一般追肥次数依品种不同有所差异，早熟品种追肥 1～2 次，中、晚熟品种追肥 2～3 次。每次每亩追施氮肥 15～20 千克。追施化肥后应及时浇水，以提高甘蓝对养分的吸收量，充分发挥肥料的作用。

3. 结球甘蓝缺钙的矫治

结球甘蓝很容易缺钙，其主要症状是内叶叶缘及心叶一起由褐色变干枯，呈干烧心（心腐病），产品品质低劣，可食率下降，严重影响产量。甘蓝外叶适宜的含钙量为 1.5%～3.0%（干重），小于 1.5%就会表现缺钙。钙肥施入土壤的效果甚微或无效，常用 0.3%～0.5%的氯化钙叶面喷施，每隔 7 天左右喷施 1 次，连喷 2～3 次。

三、芹菜

（一）营养特点

芹菜为浅根性蔬菜，根系主要分布在 7～10 厘米的土层中，根系吸收养分的能力较弱。芹菜的营养生长期包括发芽期、幼苗期、叶片生长期，不同生育期对养分有不同的需求，发芽期、幼苗期对养分的需求较少，定植缓苗后，叶片生长旺盛，对养分的需求逐渐增加。

不同养分种类对芹菜的生育影响不同，氮肥主要影响地上部的生长，即叶柄的长度和叶数的多少，缺氮的芹菜植株矮小，容易老化空心。磷肥过多时叶柄细长，纤维增多。充足的钾肥有利于叶柄的膨大，提高产量和品质。形成 1 000 千克商品产量需要吸收氮1.8～2.0千克、磷0.3～0.4千克、钾3.2～3.3千克。

(二)施肥技术

1. 基肥

定植前结合整地每亩施入3 000～4 000千克腐熟的农家有机肥料，磷酸二铵10～15千克，硫酸钾15～20千克，对于缺硼的土壤可施硼砂1～2千克。

2. 追肥

一般在定植后缓苗期间不追肥，缓苗后可施催苗肥，每亩5千克尿素结合浇水施用。当新叶大部分展出直到收获前植株进入旺盛生长期，要多次追肥。当植株达8～9片真叶时，按每亩10～15千克尿素进行第一次追肥。以后根据土壤肥力和土壤质地状况，每隔15～20天追肥一次，肥料的种类、用量同第一次追肥，共追肥3～4次。

在芹菜旺盛生长期，可用0.5%的尿素溶液和0.2%～0.5%的硼砂溶液进行叶面喷施，能明显提高产量和改善品质。

第五节　根菜类蔬菜营养与施肥

根菜类蔬菜以肉质根为食用产品，它们对土壤条件的要求和营养特点与其他类蔬菜有一定的差别。这类蔬菜为深根性植物，根系发达，要求土层深厚、排水良好、疏松肥沃的土壤，最好是壤土或沙壤土。土壤板结、耕层浅薄的土壤，不利于块根的膨大，影响产量和品质。根菜类蔬菜对土壤磷的吸收能力强，对土壤缺硼较为敏感，是需硼较多的蔬菜。

一、萝卜

(一)营养特点

萝卜属深根性蔬菜，根系发达，小型萝卜根深60～150厘米，大型萝卜根深可达178厘米。萝卜适宜生长的pH值为5.8～6.8，具有一定的耐酸能力。萝卜的营养生长期可分发芽期、幼苗期、莲座期和肉质根生长期。不同生育期吸收氮、磷、钾养分的数量差别很大，幼苗期因生长量小、养分吸收少，氮、磷、钾的吸收比例以氮最多，然后是钾与磷；进入莲座期吸收量明显增加，钾吸收最多，其次是氮、磷；随着肉质根迅速膨大，养分吸收急剧增加，氮、磷、钾的吸收量占80%以上，因此，保证该时期营养充足是萝卜丰产的关键。形成1 000千克商品产量需要吸收氮2.1～3.1千克、磷0.3～0.8千克、钾3.2～4.6千克。

(二)施肥技术

1. 基肥

播种前结合耕翻施入到土壤中的肥料。每亩可施用2 500～3 000千克腐熟的农家有机肥料，过磷酸钙25～30千克或磷酸二铵10千克、硫酸钾10千克。

2. 追肥

第一次追肥在幼苗期进行，当苗有两片真叶展开时，追施少量的化肥，每亩12千克尿素。第二次追肥在第二次间苗后，第三次追肥在“破肚”时进行，每亩追施尿素12千克、过磷酸钙和硫酸钾各10千克。中小型萝卜在追两次肥后基本满足以后生长需要，除了在肉质根膨大期适当追肥外，不必再过多追肥。大型萝卜在露肩时需追施氮肥，每亩追施尿素 10 千克，在肉质根膨大期还要追施钾肥一次。

二、胡萝卜

(一)营养特点

胡萝卜属深根性蔬菜，根系发达，播种后 45 天主根可深达 70 厘米，90 天根系深达 180 厘米。胡萝卜的营养生长期分为发芽期、幼苗期、莲座期和肉质根生长 4 个时期。胡萝卜生育初期迟缓，在播种后两个月内，各要素吸收量比较少。后随着根部的膨大，吸收量显著增加，吸收量以钾最多，其次是氮、钙、磷和镁。胡萝卜对氮的要求以前期为主，在播种后 30～50 天，应适量追施氮肥，如果此时缺氮，肉质根膨大不良，直径明显减小。形成 1 000 千克商品产量需要吸收氮 2.4～4.3 千克、磷 0.3～0.7 千克、钾 4.7～9.7 千克。

(二)施肥技术

1. 基肥

播种前结合整地每亩施入 2 000～2 500 千克腐熟的农家有机肥料，过磷酸钙 15～20 千克或磷酸二铵 5～10 千克，硫酸钾 10～15 千克。

2. 追肥

第一次追肥在出苗后 20～25 天，长出 3～4 片真叶后，每亩施硫酸铵 5～6 千克，硫酸钾肥 3～4 千克。第二次追肥在胡萝卜定苗后进行，每亩可用硫酸铵 7～8 千克，硫酸钾 4～5 千克。第三次追肥在根系膨大盛期，用肥量同第二次追肥。生长后期应避免肥水过多，否则容易裂根，也不利于贮藏。

三、马铃薯

（一）马铃薯的需肥量和需肥规律

马铃薯在生长期中形成大量的茎叶和块茎，产量较高，需肥量也较大。在氮、磷、钾三要素中，以钾的需要量最多，氮次之，磷最少。每生产 100 千克块茎需吸收氮（N）0.5 千克、磷（P_2O_5）0.20 千克、钾（K_2O）1.06 千克，氮、磷、钾比例为 1∶0.4∶2.1。马铃薯需肥规律是：在幼苗期以氮、钾吸收较多，分别达到总吸收量的 20%以上，磷较少，占吸收量的 15%。现蕾和开花期间吸钾量最多，高达 70%左右，氮、磷各达 50%以上。生育后期，则以氮、磷吸收量较多，分别约为 30%和 20%，钾较少，占 5%左右。马铃薯吸肥的总趋势是：以前期和中期较多，占总吸收量的 70%以上。

（二）马铃薯施肥方法

马铃薯的底肥以有机肥为主，搭配适量的化学肥料，每亩施腐熟的堆肥或厩肥 1 500～2 500 千克、磷肥 15～25 千克、草木灰 100～150 千克，如果改用钾肥代替草木灰，可用 150 千克硫酸钾，不能用氯化钾。底肥可采用沟施或穴施，施于 10 厘米以下土层内。播种时，每亩用氮素化肥 5～7.5 千克作种肥，可使出苗迅速整齐而健壮。齐苗前追施芽肥和苗肥，每亩 1 000 千克腐熟的人畜粪尿加适量的氮肥。现蕾开花时期，地上部茎叶生长迅速，地下部块茎大量形成和膨大，需要很多养分，应重施一次追肥，以钾肥为主配施氮肥，每亩需要 10 千克的硫酸钾加 15 千克的碳酸氢铵，施后盖土。开花以后植株封行，不宜再追肥。

四、甘薯

(一)甘薯的需肥量及各生育期的需肥规律

甘薯的生长过程分为4个阶段：一是发根缓苗阶段。指薯苗栽插后，入土各节发根成活，地上苗开始长出新叶。二是分枝结薯阶段。这个阶段根系继续发展，腋芽和主蔓延长，叶数明显增多，小薯块开始形成。三是茎叶旺长阶段。指茎叶从覆盖地面开始至生长最高峰。这一时期茎叶迅速生长，生长量约占整个生长期总量的60%。地下薯块明显增重，也称为蔓薯同长阶段。四是茎叶衰退、薯块迅速肥大阶段。指茎叶生长由盛转衰直至收获期，以薯块肥大为中心。甘薯因根系深而广，茎蔓能着地生根，吸肥能力很强。

在贫瘠的土壤上也能收到一定产量，这经常使人误认为甘薯不需要施肥。但实践证明，甘薯是需肥性很强的作物。甘薯对肥料三要素的吸收量，以钾为最多，氮次之，磷最少。一般每生产1 000千克甘薯，需从土壤中吸收氮(N)3.93千克、磷(P_2O_5)1.07千克、钾(K_2O)6.2千克，氮、磷、钾比例为1∶0.27∶1.58。

氮、磷、钾比例多在1∶(0.3～0.4)∶(1.5～1.7)。但不同甘薯生长类型和产量间有差异，其中高产田块钾、磷肥施用量有增多趋势，需氮量有减少的趋势。

甘薯苗期吸收养分较少，从分枝结薯期至茎叶旺盛生长期，吸收养分速度加快，吸收数量增多，接近后期逐渐减少。到薯块迅速膨大期，氮、磷的吸收量下降，而钾的吸收量保持较高水平。氮素的吸收一般以前期和中期为多，当茎叶进入盛长阶段时，氮的吸收达到最高峰，生长后期吸收氮素较少。磷素在茎叶生长阶段吸收较少，进入薯块膨大阶段略有增多。钾在整个生长期都比氮和磷多，尤以后期薯块膨大阶段更为明显。因此，应施足基肥，适期早追肥和增施磷钾肥。

（二）甘薯施肥方法

甘薯施肥要有机肥、无机肥配合，氮、磷、钾配合，并测土施肥。氮肥应集中在前期施用，磷、钾肥宜与有机肥料混合沤制后做基肥施用，同时按生育特点和要求作追肥施用。其基肥与追肥的比例因地区气候和栽培条件而异。甘薯施肥方法如下：

1. 苗床施肥

甘薯苗床床土常用疏松、无病的肥沃砂壤土。育苗时一般每亩苗床地施过磷酸钙 22.5 千克、优质堆肥 700～1 000 千克、碳酸氢铵 15～20 千克，混合均匀后施于窝底，再施 2 500～3 000 升（50～60 担）水肥浸泡窝子，干后即可播种。苗床追肥根据苗的具体情况而定。火炕和温床育苗，排种较密，采苗较多。在基肥不足的情况下，采 1～2 次苗就可能缺肥，所以采苗后要适当追肥。露地育苗床和采苗圃也要分次追肥。追肥一般以人粪尿、鸡粪、饼肥或氮肥为主，撒施或对水浇施。一般每平方米苗床施硫酸铵 100 克。要注意：剪苗前 3～4 天停止追肥，剪苗后的当天不宜浇水施肥，等 1～2 天伤口愈合后再施肥浇水，以免引起种薯腐烂。

2. 大田施肥

（1）基肥　基肥应施足，以满足甘薯生长期长、需肥量大的特点。基肥以有机肥为主，无机肥为辅。有机肥要充分腐熟。因甘薯栽插后，很快就会发根出苗和分枝结薯，需要吸收较多的养分。如事先未腐熟好，会由于有效养分不足，致使前期生长缓慢。故有“地瓜喜上隔年粪”和“地瓜长陈粪”的农谚，说的就是甘薯基肥要提前堆积腐熟或在前茬施肥均有一定的增产基肥用量一般占总施肥量的60%～80%。具体施肥量，亩产4 000千克以上的地块，一般施基肥5 000～7 500千克；亩产2 500～4 000千克的地块，一般施基肥3 000～4 000千克。同时，可配合施入过磷酸钙5～25千克、草木灰100～150千克、碳铵7～10千克等。

施肥采用集中深施、粗细肥分层结合的方法。基肥的一半以上在深耕时施入底层，其余基肥可在起垄时集中施在垄底或在栽插时进行穴施。这种方法在肥料不足的情况下，更能发挥肥料的作用。基肥中的速效氮、速效钾肥料，应集中穴施在上层，以便薯苗成活后即能吸收。

(2)追肥　追肥需因地制宜，根据不同生长期的长相和需要确定追肥时期、种类、数量和方法，做到合理追肥。追肥的原则是“前轻、中重、后补”。具体方法有以下几种。

①提苗肥。这是保证全苗，促进早发加速薯苗生长的一次有效施肥技术。提苗肥能够补充基肥不足和基肥作用缓慢的缺点，一般追施速效肥。追肥在栽后3～5天内结合查苗补苗进行，在苗侧下方7～10厘米处开小穴，施入一小撮化肥(每亩1.5～3.5千克)，施后随即浇水盖土，也可用1%尿素水灌根；普遍追施提苗肥最迟在栽后半个月内团棵期前后进行，每亩轻施氮素化肥1.5～2.5千克，注意小株多施，大株少施，干旱条件下不要追肥。

②壮株结薯肥。这是分枝结薯阶段及茎叶盛长期以前采用的一种施肥方法。其目的是促进薯块形成和茎叶盛长。所以被称之壮株肥或结薯肥。因分枝结薯期，地下根网形成，薯块开始膨大，吸肥力强，为加大叶面积，提高光合生产效率，需要及早追肥，以达到壮株催薯、快长稳长的目的。追肥时间在栽

后 30～40 天。施肥量因薯地、苗势而异，长势差的多施，每亩追硫酸铵 7.5～10 千克或尿素 3.5～4.5 千克，硫酸钾 10 千克或草木灰 100 千克；长势较好的，用量可适当减少。如上次提苗或团棵肥施氮量较大，壮株催薯肥就应以磷、钾肥为主，氮肥为辅；不然要氮、钾肥并重，分别攻壮秧和催薯肥。基肥用量多的高产田可以不追肥，或单追钾肥。结薯开始时是调节肥、水、气三个环境因素的关键，施肥时结合灌水，施后及时中耕，用工经济，收效也大。

③催薯肥。又叫长薯肥。在甘薯生长中期施用，能促使薯块持续膨大增重。一般以钾肥为主，施肥时期一般在栽后90～100 天。追施钾肥，一是可使叶片中增加含钾量，能延长叶龄，加粗茎和叶柄，使之保持幼嫩状态；二是能提高光合效率，促进光合产物的运转；三是可使茎叶和薯块中的钾、氮比值增高，能促进薯块膨大。催薯肥如用硫酸钾，每亩施 10 千克；若用草木灰每亩施 100～150 千克。草木灰不能和氮、磷肥料混合，要分开施用。施肥时加水，可尽快发挥其肥效。

④根外追肥。甘薯生长后期，根部的吸收能力减弱，可采用根外追肥，弥补矿质营养吸收的不足。此方法见效快，效果好。即在栽后 90～140 天，喷施磷钾肥，不但能增产，还能改进薯块质量。具体方法为：用 2%～5%的过磷酸钙溶液，或1%磷酸钾溶液，或 0.3%磷酸二氢钾溶液，或 5%～10%过滤的草木灰溶液，在午后 3 时以后喷施，每亩喷液 75～100 千克。每隔 15 天喷 1 次，共喷 2 次。

（三）甘薯施肥注意事项

甘薯是忌氯作物，不能施用含有氯元素的肥料；碳酸氢铵不适宜撒施、面施，可制成混肥颗粒深施。另外，沙土地追肥适宜少量多次，追肥次数减少，而每次用量可适当增多；水源充足、水分条件良好的条件下，应控制氮肥用量，以免引起茎叶徒长，影响薯块生长，否则将会减产，肥效不高。

第六节 葱蒜类蔬菜营养与施肥

葱蒜类蔬菜是以幼嫩叶、假茎、鲜茎或花薹为食用产品的一类蔬菜，主要有大葱、洋葱、韭菜、大蒜等。此类蔬菜的适应性比较强，由于栽植密度大，根系入土浅、根群小、吸肥力弱，因此，要求肥水充足。

一、大葱

(一)营养特点

大葱的根系为白色弦线状须根，粗度均匀，分生侧根少，吸肥力弱，但需肥量大、喜肥耐肥、耐旱不耐涝。对土壤要求不严格，但以土层深厚、排水良好、富含有机质的壤土为好，适宜的土壤 pH 值为 7.0～7.4。

大葱需钾最多，氮次之，磷最少，对氮素比较敏感，施用氮肥有明显的增产效果。每生产 1 000 千克大葱需要吸收氮 2.7～3.3 千克、磷 0.2～0.5 千克、钾 2.7～3.3 千克。

(二)施肥技术

1. 基肥

定植前要施足基肥，一般每亩施腐熟的有机肥料 4 000～5 000千克，过磷酸钙 50～70 千克，硫酸钾 15～20 千克。采用沟施或撒施的施用方法。

2. 追肥

大葱追肥应侧重葱白生长初期和生长盛期。

①葱白生长初期可根据土壤肥力和大葱的生长情况追肥1～2次。炎夏刚过，天气转凉，葱株生长加快，应追施一次攻叶肥。可追施尿素15～20千克，撒在垄背上，中耕混匀，而后浇水。处暑以后，天气晴朗、光照充足、气温适宜，进入管状叶生长盛期，每亩可撒施尿素10～15千克，硫酸钾5千克，然后破垄培土。

②葱白生长盛期是大葱产量形成的最快时期，需要大量的水分和养分，此时应追施2～3次攻棵肥。第一次追施尿素10～15千克，硫酸钾5～10千克，可撒施于葱行两侧，中耕后培土成垄，浇水。后两次追肥可在行间撒施尿素8～10千克，或硫酸铵15～20千克，浅中耕后浇水。

二、大蒜

（一）营养特点

大蒜为二年生草本植物，根系为弦线状须根，属浅根性蔬菜，根系主要分布在25厘米以内的表土层内，横向分布30厘米。大蒜生育期分为萌芽期、幼苗期、鳞芽及花芽分化期、蒜薹伸长期、鳞芽膨大盛期。对养分的需求量随着植株生长量的增加而增加。随着蒜苗的生长，到鳞芽及花芽分化期植株吸收养分的数量迅速增加，逐渐达到了养分吸收的高峰，是大蒜生长发育的关键时期。蒜薹生长到鳞茎膨大时期，是大蒜营养生长和生殖生长并进、生长量最大的时期，根系生长和吸收能力都达到最大，是需肥量最大和施肥的关键时期。

大蒜对各种养分的需求以氮最多，每生产1 000千克大蒜需要吸收氮4.5～5.0千克、磷0.5～0.6千克、钾3.4～3.9千克。

(二)施肥技术

1. 基肥

基肥的用量为每亩施用4 000～5 000千克腐熟的农家有机肥料，根据土壤肥力状况配合施用过磷酸钙20～30千克，或复混肥30～40千克。

2. 追肥

追肥以氮肥为主，配合适量的磷钾肥。秋播的大蒜可根据土壤肥力状况和大蒜的生长情况追肥2～3次。

①越冬前或返青期追肥，主要是追催苗肥，前者主要目的是培育壮苗，后者是促进蒜苗返青后快速生长。可追施尿素10～15千克，硫酸钾8～12千克。

②蒜薹伸长期追肥，可追施尿素15～20千克，硫酸钾5～10千克。

③鳞茎膨大期追肥，视土壤肥力情况和大蒜的长势，确定追肥量，如果肥力不足，大蒜长势不强，应增施一次速效肥，如尿素10～20千克。

第七章　主要经济作物与粮食作物施肥技术

第一节　主要经济作物配方施肥技术

一、棉花配方施肥技术

（一）棉花肥料总量控制和基肥与追肥的分配原则

合理地施肥首先要确定施肥总量，在确定了氮肥总量的前提下，就要考虑如何将肥料合理地分配为基肥和追肥。根据棉花生长发育和营养规律，蕾期、花铃期和铃期是棉花养分需求量最大的时期，80％以上的养分都是在这几个生育阶段吸收的。因此，也是施肥调控最为关键的时期。在棉花施肥中，要因地制宜地掌握施足基肥、施用种肥、轻施苗肥、稳施蕾肥、重施桃（花铃）肥和补施秋（盖顶）肥等环节。

（二）根据土壤肥力水平和目标产量确定施肥量

根据测土配方施肥原理，棉花施肥要考虑土壤养分状况和区域生产状况。

通常棉花的氮肥需要根据需肥规律分次施入，磷、钾肥全部作为基肥施入为宜，但对长江流域棉区，钾肥以基肥和追肥各半施用效果更好。

从既遵循棉花营养规律，又具备田间可操作性的角度出发，基肥在总施氮量中的比例应当低于追肥所占的比例；追肥应当在蕾期、花铃期进行。花铃期以后，棉田封行，无法机械施肥，如果使用人工施肥也可以考虑追施第三次氮肥。例如，西北棉区基肥与追肥的分配比例以30％～40％作为基肥、60％～70％作为追肥为宜。追肥在浇头水和二水前施用。其中，蕾期追肥量为总追肥量的40％，花铃期追肥量为总追肥量的60％。

磷肥以做基肥全层施用为好，即在播种前或移栽前将磷肥撒在地面，翻耕耙耱，可使磷肥均匀地分布于全耕作层土壤中，这样根系与磷肥接触面大，磷肥利用率高。为了减少土壤对磷肥的固定，磷肥最好与有机肥堆沤或混合后全层施用。

钾肥以做基肥为好，但对于长江流域棉区，基肥和追肥可以各半施用。我国南方土壤普遍缺钾，要重视施用钾肥。北方土壤缺钾较少，但近年来北方一些棉田施钾也有明显效果，也要注意施用钾肥。

对于同一生态区域，一般来说，作物的目标产量基本接近，肥料推荐用量应根据土壤的养分含量进行调整。由于肥料用量的变化，常带来施肥时的基肥及追肥比例发生相应的变化。

(三)微量元素肥料施用

我国很多省份的棉区缺少中、微量元素，尤其是硼、锌等微量元素。棉田土壤有效硼、锌的临界值如表7—1。

表7—1　棉田土壤有效硼、有效锌含量分级指标

微量元素名称	微量元素等级		
	低	中	高
有效硼(毫克/千克)	＜0.4	0.4～0.8	＞0.8
有效锌(毫克/千克)	＜0.7	0.7～1.5	＞1.5

中、微量元素施肥原则应为“因缺补缺”。可以通过经验、

土壤测试或田间缺素试验确定一定区域中、微量元素土壤缺乏程度，并制定补充元素。一般微量元素最高不得超过每亩2千克。

硼肥的施用，当土壤有效硼含量<0.4～0.8毫克/千克时，每亩用硼砂0.4～0.8千克作为苗期土壤追施，花铃期以0.02千克硼砂喷施较好。如果土壤有效硼含量的提高以硼砂喷施较好的话，那么以蕾期、初花期、花铃期连续喷0.2%硼砂，3次为最好，每次每亩用水量为50～80升。

在缺锌土壤中(土壤有效锌<0.7～1.5毫克/千克)，每亩用硫酸锌1～2千克。如果已施锌肥做基肥，一般可以不再追施锌肥；如果未施锌肥做基肥，可在苗期至花铃期连续喷2～3次0.2%硫酸锌液进行根外追肥。两次喷施锌肥之间相隔7～10天。

二、油菜配方施肥技术

油菜是需氮较多的作物。油菜吸收的氮素随着生育进程而不断向各器官分配，其分配的中心是各生育阶段的新生器官。氮肥对油菜的增产作用受到土壤氮与磷水平的影响，其增产效果随土壤碱解氮含量的增加而降低。油菜缺氮时新叶生长慢、叶片少、叶色淡，逐渐褪绿呈现紫色，茎下叶缘变红，严重的呈现焦枯状，出现淡红色叶脉；植株生长瘦弱，主茎矮、纤细，株型松散，角果数量少，开花较早且开花时间短，终花期提早。

油菜是对磷素营养非常敏感的作物，磷素可以促进油菜根系发育，增强抗寒、抗旱能力，并促进早熟，提高种子含油量。油菜体内的磷素与氮素一样总是向生命最活跃的部分运转分配，具有明显的顶端优势。油菜缺磷时，幼苗表现子叶变小，颜色深暗，质厚竖起。真叶发生推迟，叶小，呈现较深紫红色，发叶数大量减少。抽薹后茎细枝少，株型瘦小。其中，发红发僵是田间油菜缺磷的形态特征，但需与寒潮过后出现的发红现象区别。

钾能增强光合作用，增强细胞液浓度，对提高油菜抗寒性有很好的效果；钾还能促进维管束的发育，增加厚角组织的强度，提高抗倒伏的能力。高产油菜对钾的需要量更大。

硼是油菜输导系统和受精作用中必不可少的微量元素。油菜需硼特别多，对缺硼敏感，为容易缺硼的作物之一。缺硼时，油菜表现的典型症状是花而不实，即进入花期后因花粉败育而不能受精结实，导致不断抽发次生分枝，继续不断开花，使花期大大延长。氮肥充足时，次生分枝更多，常形成特殊的帚状株型；叶片多数出现紫红色斑块即所谓“紫血瘢”，结荚零星稀少，有的甚至绝荚，成荚的所含籽粒数少、畸形。

油菜分甘蓝型和白菜型两大类，不同类型对氮、磷、钾的吸收比例不同，一般甘蓝型为1∶0.42∶1.4，白菜型为1∶0.44∶1.1。甘蓝型吸肥量一般比白菜型高30％以上，产量高50％以上，且甘蓝型油菜需钾量明显比白菜型高。下面主要就甘蓝型油菜的需肥规律和施肥技术进行描述。甘蓝型油菜不同生育时期对氮、磷、钾的吸收有较大的差异，播种至苗期分别占总吸收量的13.4％、6.4％和12.3％，苗期至抽薹期分别占总吸收量的34.4％、28％和37.6％，抽薹期至初荚期分别占总吸收量的27.2％、24.8％和28.9％，初荚期至成熟期分别占总吸收量的25％、40.8％和21.2％。

(一)油菜苗床施肥

做好苗床施肥，首先要施足基肥。具体做法是每667平方米苗床在播种前施用腐熟的优质有机肥200～300千克、尿素2

千克、过磷酸钙5千克、氯化钾1千克，将肥料与土壤(10～15厘米厚)混匀后播种。结合间苗和定苗，追肥1～2次。追肥以人、畜粪尿为主，并注意肥、水结合，以保证壮苗移栽。在移栽前可喷施硼肥1次，浓度为0.2%。

(二)油菜移栽田施肥

从油菜移栽到收获，每亩移栽田所需投入不同养分总量分别为：纯氮9～12千克，纯磷4～6千克，纯钾6～10千克，硼砂0.5～1千克(基施)，七水硫酸锌(锌肥)2～3千克。

市场上已有多种油菜专用肥出售，若准备购买专用肥，在施肥时可将不足部分用单质肥料补足，或者根据本技术资料提供的配方自制专用肥，可收到同等效果。

1. 基肥

在油菜移栽前1天或半天穴施基肥，施肥深度为10～15厘米。

基施氮肥占氮肥总用量的2/3左右，即每亩基施纯氮6～8千克，折合成碳酸氢铵为35～47千克，或折合成尿素为13～17千克。

磷肥全部基施，折合成过磷酸钙为每亩33～50千克。

用做基肥的钾肥占钾肥总用量的2/3左右，即每亩施纯钾4～6.7千克，折合成氯化钾为6.7～11千克。

若不准备叶面喷施硼肥，每亩可基施硼砂0.5～1千克。

基肥施好后便可进行油菜苗移栽，移栽时注意不能直接将油菜栽在施肥穴上，油菜苗根系不要直接接触肥料，以免肥料浓度高而发生烧苗死苗现象。

2. 追肥

油菜追肥一般可分为2次。

第一次追肥在移栽后50天左右进行，即油菜苗进入越冬期前，此次追肥施用余下氮肥的1/2，追施氮肥种类宜用尿素，折合成尿素为3.2～4.3千克/亩。另外，追施剩余的全部钾肥，折合成氯化钾为3.3～5.5千克/亩。施肥方法为结合中耕进行土施，若不进行中耕，可在行间开10厘米深的小沟，将两种肥料混匀后施入，施肥后覆土。

第二次追肥在开春后薹期，撒施余下的氮肥，氮肥品种为尿素，折合施尿素3.2～4.3千克/亩。由于此时油菜已封行，操作不便，只能表面撒施，注意一定要撒匀。

3. 叶面追肥

若根据前面提供的施肥配方和技术进行施肥，油菜生长过程中基本上可以不再进行叶面施肥。若在施基肥时没有施用硼肥，则一定要进行叶面施硼。叶面喷施硼肥(一般为硼砂)的方法是：分3次分别在苗期、薹期和初花期结合打药喷施，浓度为0.2%，每亩用溶液量50升。

三、大豆配方施肥技术

大豆生长发育分为苗期、分枝期、开花期、结荚期、鼓粒期和成熟期。全生育期90～130天。其吸肥规律为：①吸氮率。出苗和分枝期占全生育期吸氮总量的15%，分枝至盛花期占16.4%，盛花至结荚期占28.3%，鼓粒期占24%，鼓粒至成熟期占16.3%。开花至鼓粒期是大豆吸氮的高峰期。②吸磷率。苗期至初花期占17%，初花至鼓粒期占70%，鼓粒至成熟期占13%。大豆生长中期对磷的需要最多。③吸钾率。开花前累计吸钾量占43%，开花至鼓粒期占39.8%，鼓粒至成熟期仍需吸收钾17.2%。由上可见，开花至鼓粒期既是大豆干物质累积的高峰期，又是吸收氮、磷、钾养分的高峰期。

1. 基肥

施用有机肥是大豆增产的关键措施。在轮作地上可在前茬粮食作物上施用有机肥料，而大豆则利用其后效。有利于结瘤固氮，提高大豆产量。在低肥力土壤上种植大豆可以加过磷酸钙、氯化钾各 10 千克作基肥，对大豆增产有好处。

2. 种肥

一般每亩用 10～15 千克过磷酸钙或 5 千克磷酸二铵做种肥，缺硼的土壤加硼砂 0.4～0.6 千克。由于大豆是双子叶作物，出苗时种子顶土困难，种肥最好施于种子下部或侧面，切勿使种子与肥料直接接触。此外，淮北等地有用 1%～2%钼酸铵拌种的，效果也很好。

3. 追肥

实践证明，在大豆幼苗期，根部尚未形成根瘤或根瘤活动弱时，适量施用氮肥可使植株生长健壮。在初花期酌情施用少量氮肥也是必要的。氮肥用量一般以每亩施尿素 7.5～10 千克为宜。另外，花期用 0.2%～0.3%磷酸二氢钾水溶液或每亩用 2～4 千克过磷酸钙水溶液 100 千克根外喷施，可增加籽粒含氮率，有明显增产作用。另据资料统计，花期喷施 0.1%的硼砂、硫酸铜、硫酸锰水溶液可促进籽粒饱满，增加大豆含油量。

四、花生配方施肥技术

花生缺氮，导致营养生长缓慢，植株叶色黄、叶片小，荚果少且不饱满；缺磷，花生根须不发达、根瘤少，固氮能力下降，贪青迟熟；缺钾，叶片呈黄绿色，严重时植株顶部凋枯；缺硫，会减少果仁蛋白质含量；缺镁，叶绿素不能正常形成，严重的叶片白化，叶脉失绿；缺钼，减少根瘤和分枝数，并使叶绿素老化；缺硼，主茎和侧枝短粗，株矮且呈丛生状，严重时生长点枯死。

花生是对铁元素比较敏感的作物之一。铁虽然不是叶绿素的成分，但它是合成叶绿素不可缺少的条件，是与呼吸有关的细胞色素氧化酶与过氧化酶的组成成分，参与植物体内氧化还原过程。正常情况下，土壤中铁的含量较高，一般不会发生缺铁现象。但由于我国北方土壤多为弱碱性，pH 值较高，土壤中石灰质较多。夏季 7～8 月饱和，使土壤中的氢氧根离子及磷酸根离子浓度增加，极易与土壤中的铁离子形成难以被作物根系吸收的氢氧化铁和磷酸盐沉淀，使土壤中的有效铁含量严重降低。另一方面，土壤中未被固定的有效铁，也会随着暴雨产生的径流流失或随土壤水分向下部淋失。而此时也是花生生长发育最旺盛的时期，花生植株根系因无法吸收到足量的铁，而形成生理性缺铁现象，产生缺铁性黄化症。

花生缺铁时，首先表现为上部嫩叶失绿，而下部老叶及叶脉仍保持绿色；严重缺铁时，叶脉失绿进而黄化，上部新叶全部变白，久之叶片出现褐斑坏死，干枯脱落。

与花生缺氮、缺锌等引起的失绿比较，花生缺铁症状的特点突出表现在叶片大小无明显改变，失绿黄化明显。而缺氮引起的失绿常使叶片变薄变小，植株矮小；缺锌使叶片小而簇生，出现黄白小叶症。鉴定植株是否为缺铁黄化症，可用 0.1％硫酸亚铁溶液涂于叶片背面失绿处，若 5～8 天后转绿，可确认缺铁。

（一）花生施肥原则

1. 因土施肥

实践表明，肥力越差的田块，增施肥料后增产幅度越大；中等肥力的次之；肥沃的田块，增产效果不明显。因此，肥力差的田块要增施肥料。

2. 拌种肥

①将每亩用的花生种拌 0.2 千克花生根瘤菌剂，拌 2.5～10 克钼酸铵；②将每千克花生种拌施 0.4～1 克硼酸；③将每亩用的花生种先用米汤浸湿，然后拌石膏 1～1.5 千克。这 3 种方法均可及时补充肥料，使花生苗茁壮生长。

3. 因苗施肥

花生所需氮、磷、钾的比例为 1∶0.18∶0.48。苗期需肥较少，开花期需肥量占总需肥量的 25%，结荚期需肥量占总需肥量的 50%～60%。因此，在肥料施用上，一是普施基肥，每亩施腐熟有机肥 1 500 千克左右、磷肥 15～20 千克、钾肥 10 千克左右、肥力差的田块再施尿素 5 千克；二是始花前，每亩施腐熟有机肥 500～1 000 千克、尿素 4～5 千克和过磷酸钙 10 千克，结合中耕施入；三是结荚期喷施 0.2%～0.3%磷酸二氢钾和 1%尿素溶液，能起到补磷增氮的作用。

（二）花生施肥时期

花生不同生育期对养分的需求不一样。

1. 苗期

苗期根瘤开始形成，但固氮能力很弱，此期为氮素饥饿期，对氮素缺乏十分敏感。因此，未施基肥或基肥用量不足的花生应在此期追肥。

2. 开花下针期

此期植株生长较快，且植株大量开花并形成果针，对养分的需求量急剧增加。根瘤的固氮能力增强，能提供较多的氮素，此期对氮、磷、钾的吸收量达到高峰。

3. 结荚期

荚果所需的氮、磷元素可由根、子房柄、子房同时供应，所需要的钙则主要依靠荚果自身吸收。因此，当结果层缺钙时，易出现空果和秕果。

4. 饱果成熟期

此期营养生长趋于停止，对养分的吸收减少，营养体养分逐渐向荚果中运转。由于此期根系吸收功能下降，应加强根外追肥，以延长叶片功能期，提高饱果率。

第二节　主要粮食作物测土配方施肥技术

一、水稻

(一)水稻的施肥方法

1.“前促”施肥法

其特点是重施基肥，早施分蘖肥，也有集中在基肥一次全层施用的。这种模式适用于双季早晚稻和单季稻中的早熟品种。以“增穗”为实现目标产量的主要途径。方法是基肥占总施肥量的70％～80％，其余肥料在移栽返青期后全部施下。

2.“前促、中控、后补”施肥法

其特点是施足基肥，早施分蘖肥、中期控氮、后期补施粒肥。这种方式在当前生产实践中应用广泛，特别适合于一季中稻，以提高穗粒数和增加粒重为实现目标产量的主要途径。

3."前稳、中促、后保"施肥法

其特点是施足基肥、重施穗肥、后施粒肥，适用于生长期较长的水稻品种和土壤保肥力较差的田块。以攻大穗、粒重为实现目标产量的主要途径。

一般水稻单产500千克/亩的情况下，每亩施用氮肥15千克以上，具体施肥量随着土壤肥力、水稻品种、栽培方法而不同，同时要求注意氮磷钾的配合。

（二）大田期追肥

分蘖期追肥：目的是增加穗数，方法是在施足基肥的基础上早施分蘖肥，一般在移栽后5～10天（田水清后）之内施用；以促进分蘖、提高成穗率、增加有效穗。施肥的数量看稻田肥力水平、底肥情况、栽培密度而定，如果稻田肥力水平高、底肥情况足、栽培密度大的情况下，要防治群体展过快、封行过早，不宜多施用分蘖肥，以适当增加穗肥提高成穗率。

幼穗发育期追肥：又叫穗肥，其目的是巩固有效分蘖、促进穗粒数增加。分为促花肥与保花肥两种，一般以保花肥为主，即在幼穗有1.5厘米长时追施保花肥，一般用量在尿素5千克/亩左右，具体用量还要看苗、看天而定，一般苗不褪色不施、天气多雨不施。促花肥则在穗轴分化期至颖花分化期施用，目的是增加每穗颖花数。穗肥还有增加最后三片叶的含氮量的作用，防治叶片和根系早衰。

粒肥：目的是延长叶片功能期，提高光合强度，增加粒重，减少空瘪粒。方法：齐穗期追施氮肥（每亩3千克左右的尿素，具体用量看叶片的颜色）或叶面喷施氮或氮磷钾混合液。

水稻除了进行土壤施肥外，叶面喷肥也有一定效果，是补充水稻后期营养的有效措施。根据试验结果，在水稻拔节初期，用尿素进行根外追肥，稻粒和稻草都能增产。

二、玉米

玉米是一种喜肥水、好温热、需氧多、怕涝渍的中耕作物。

由于不同品种生育期不同，可分为春播玉米和夏播玉米。春玉米和夏玉米的吸肥动态规律大体一致，但因生长期间环境条件不一样，吸收养分的特点也有差异。春玉米一般苗期生长缓慢，植株较小，吸收氮、磷、钾分别只占全生长期总吸收量的 2.14%、1.12%和 2.92%。拔节至孕穗期生长明显加快，吸收约 32%的氮、45.04%的磷和近 70%的钾，抽雄穗至灌浆期是春玉米旺盛生长和需肥水大增的时期，吸收 20%的氮、20%的磷和近 30%的钾。春玉米进入后期要吸收近 50%的氮和 30%的磷。夏玉米由于受夏季高温多雨等气候条件的影响，它在生育前期对氮、磷、钾养分的吸收强度，均明显地超过春玉米和套种玉米。

中国农业大学研究表明，夏玉米需肥高峰比春玉米提前且峰值高，对养分的吸收比较集中，到孕穗期夏玉米氮肥吸收量占总吸收量的 85.89%，磷肥吸收量占总吸收量的 73.12%；而春玉米到孕穗期，氮肥吸收量只占总吸收量的 34.35%，磷肥吸收量占总吸收量的 46.16%。因此，夏玉米施肥可集中在拔节孕穗期前，而春玉米以分次施入为好。

高产夏玉米出苗至拔节期氮肥相对吸收量为 7.3%，拔节至大喇叭口期为 37.2%，大喇叭口期至吐丝期为 14.5%，吐丝期至吐丝后 15 天为 32.7%，至此累积吸收量已达总量的 91.7%，后期只占到8.3%。

高产夏玉米出苗至拔节磷的相对吸收量为4.06%，拔节至大喇叭口期为26.88%，大喇叭口期至吐丝期为6.59%，吐丝期至吐丝后15天为17.43%，吐丝后15～30天为33.51%，之后至完熟期为9.91%。

高产夏玉米对钾的吸收是至大喇叭口期钾素的累积吸收量占到总吸收量的74.33%，吐丝后30天达到钾最大吸收量，此后出现钾损失，至成熟损失量达17.6%，不同施肥方式对损失出现的时间及损失量有影响。

(一)施足基肥

基肥以厩肥、堆肥和秸秆等有机肥料为主，化学肥料为辅。基肥一般应占施肥总量的70%左右。充足的基肥不仅能提高玉米产量，更重要的是能够提高土壤生产力水平，使玉米持续高产。据研究，每亩施用有机肥2.5吨，可增产玉米35千克；每亩施用5吨时，增产玉米72.5千克。

基肥的施用方法根据数量、播种期的不同灵活掌握。数量不多，开沟条施，数量足可在耕前将肥料均匀撒在地面，结合耕翻埋入土内。钾肥、磷肥及微量元素肥料等与有机肥料混合施用。套种玉米化肥在播前条施做基施。

(二)适量种肥

通常种肥是必要的，特别是养分含量贫乏的土壤，基肥用量少或不施基肥时，更须施用种肥。

硫酸铵做种肥一般每亩用5～7.5千克为宜，尿素用量不超过4千克。磷、钾肥多用做基肥施用，不用再做种肥。氮、磷、钾复合肥或磷酸二铵做种肥最好，每亩可用10～15千克。无论用什么肥料做种肥，都要做到种、肥隔离，避免烧种而影响出苗率。尤其是尿素和氯化钾做种肥更要注意。

种肥施用可采用开沟或挖穴施用，或者用施肥机械，先播下肥料，再在肥沟旁播种目前有施肥播种一体机，一次作业可完成播种和施肥。锌、硼、锰等微量元素肥料可与其他肥料一起施入土壤做种肥或采用浸种和拌种的方式做种肥。

（三）分期追肥

玉米是一种需肥较多和营养期较长的作物，单靠基肥和种肥远不能满足全生育期的需要，尤其是夏玉米基肥不足或未施基肥与种肥的，追肥是提高玉米丰产的关键。玉米追肥传统上分 4 个时期进行。即苗肥，指从玉米出苗到拔节期追施的肥料；拔节肥，指从拔节至拔节后 10 天追施的肥料；攻穗肥，是指拔节 10 天左右至抽雄穗期间追施的肥料；攻粒肥，是指雌雄穗处于开花受精至籽粒形成期追施的肥料。玉米的追肥通常分 2～3 次进行。土壤肥力一般，计划产量为 300～500 千克，计划每亩追施尿素 30 千克左右，在施用种肥基础上追肥宜于拔节期和大喇叭口期 2 次进行。2 次追肥的分配，如地力低，或未施种肥、基肥的，宜采用“前重后轻”的分配方法，即拔节期追肥量占总肥量的 60％左右，大喇叭口期占 40％左右；地力基础高，玉米计划产量 600 千克以上，追肥量多时，宜分 3 次进行，采用“前轻中重后补”的分配方法。在施种肥基础上，拔节期追肥量占总追肥的 30％～35％，大喇叭口期占 50％左右，抽雄开花期占 20％左右。追肥应禁止表面撒施，通过开沟或刨穴的方法深施，施后灌水。微量元素肥料的施用可结合拔节期追肥施用，也可采用叶面喷施的方法施用。在生育期喷施 2～3 次。

三、小麦

冬小麦从抽穗到灌浆期，经常遇到干热风的侵袭。干热风会使麦株青枯，不能正常灌浆成熟，麦粒空瘪，粒重降低，减产可达10%～30%。如果在小麦抽穗到乳熟期喷施磷酸二氢钾，磷、钾营养经麦叶吸收后，能加快干物质的合成、运输和积累，使麦粒灌浆充足，灌浆速度加快，有明显的增加粒重和促进成熟的作用，从而减轻干热风的危害。对于后期氮素营养偏多的麦株，喷施磷酸二氢钾，有使干物质合成和积累加快的作用。因此，对灌浆结实也有一定好处，即使发生干热风的年份也能增产。磷酸二氢钾浓度以0.2%为宜，每亩喷50千克肥液，用药100千克左右。喷肥时间以抽穗扬花期为好，灌浆期再喷一次效果更好，两次间隔10～15天。

我国种植的冬小麦一般在秋末冬初播种，翌年夏初前后收获，生育期较长。小麦是一种需肥较多的作物，据统计分析，在一般栽培条件下，每生产50千克小麦，须从土壤中吸收氮(N)1.5千克左右、磷(P_2O_5)0.5～0.75千克、钾(K_2O)1.5～2千克，氮、磷、钾的比例约为3∶1∶3。小麦对氮、磷、钾的吸收量，随着品种特性、栽培技术、土壤和气候等有所变化。产量要求越高，吸收养分的总量也随之增多。

小麦在不同生育期，对养分的吸收数量和比例是不同的。小麦对氮的吸收有两个高峰：一是在出苗到拔节阶段，吸收氮占总氮量的40%左右；二是在拔节到孕穗开花阶段，吸收氮占总氮量的30%～40%，在开花以后仍有少量吸收。小麦对磷、钾的吸收，在分蘖期吸收量约占总吸收量的30%，拔节以后吸收率急剧增长。磷的吸收以孕穗到成熟期吸收量最大，约占总吸收量的40%。钾的吸收以拔节到孕穗、开花期为最多，占总吸收量的60%，在开花时对钾的吸收达到最大。因此，在小麦苗期，应有适量的氮素营养和一定的磷、钾肥，促使幼苗早分蘖、早发根，培育壮苗。拔节到开花是小麦一生吸收养分最多的时期，需要较多的氮、钾营养，以巩固分蘖成穗，促进壮秆、增粒。抽穗、扬花以后应保持足够的氮、磷营养，以防脱肥早衰，促进光合产物的转化和运输，促进麦粒灌浆饱满，增加粒重。

（一）施足小麦底肥

施足小麦底肥是提高麦田土壤肥力的重要措施。底肥既能保证小麦苗期生长对养分的需要，促进早生快发，使麦苗在冬前长出足够的健壮分蘖和强大的根系，又为春后生长打下基础。底肥对小麦中期稳长、成穗和防止后期早衰也有良好作用。底肥的数量应根据产量要求，肥料种类、性质，土壤和气候条件而定。底肥应占施肥总量的60%～70%为宜。底肥应以有机肥为主，适量施用氮、磷、钾等化学肥料。一般每亩施农家肥1～1.5吨、尿素10千克或碳酸氢铵25千克、过磷酸钙25千克、氯化钾5～7.5千克，或草木灰50～75千克。粗肥数量多，在保肥力强的黏性土和干旱地区，肥料不易分解，底肥的比例可大些；精肥数量多，保肥力差的沙性土和雨水较多的地区，底肥比例应小一些。

底肥施用方法：数量多时，应全层施用，粗肥可在耕地前深施，精肥适当浅施作表层肥；底肥数量少时，应集中施用，采用条施或穴施的办法。磷肥最好与有机肥混合施用，对速效磷肥可以减少土壤对磷的吸附、固定；对迟效或难溶性磷肥，有利于磷的释放和被作物吸收。

小麦播种时用适量速效氮、磷肥做种肥，能促进小麦生根发苗，提早分蘖，增加产量，对晚茬麦和底肥不足的麦田有显著的增产效果。各地试验证明，施用硫酸铵拌种的可增产10%左右。氮肥做种肥一般每亩用5千克硫酸铵或2.5千克尿素，碳酸氢铵易挥发，不宜做种肥。磷肥做种肥时，可预先将过磷酸钙与腐熟的农家肥粉碎过筛后，制成颗粒肥与小麦种子混播；也可将过磷酸钙撒在土表后，浅耕混匀再行播种。过磷酸钙的用量一般每亩7.5～10千克。对土壤肥沃或底肥充足的麦田，种肥可以不施。

种肥的施用方法可概括为两种，即将化肥与麦种混合播种，或与麦种隔一定的土层分施。化肥与种子混播操作方便，但由于化肥和种子的颗粒大小不同，重量也不相同，二者很难同时均匀地施入土壤。因此，机器播种时，要注意经常搅拌。

（二）施返青、拔节、孕穗肥

小麦返青后生长开始转旺，吸收养分逐渐增多，但是此时地温不高，作底肥施下的农家肥料分解缓慢，不能满足小麦需要，因此要追施速效化肥。追肥要看苗追施，对于冬前每亩总茎数达100万以上的旺苗，由于分蘖太多，叶色深绿，叶片肥大，返青肥应以磷、钾肥为主，不要再追氮肥。每亩施过磷酸钙15千克、草木灰50～100千克或钾肥10千克左右，对壮秆防倒伏有好处。对于冬前每亩总茎数已达70万～100万的壮苗，应以巩固冬前分蘖为主，适当控制春季分蘖，以减少无效分蘖。追肥可在2月底至3月初，每亩施碳酸氢铵7.5～10千克。对保水保肥力强的稻茬麦，可适当早施；保水保肥力差的沙壤土或砂姜黑土，可适当晚施。麦田有点偏弱苗时，可酌情施“偏心”肥。对于冬前分蘖不足的弱苗，应重施返青肥，每亩可施碳酸氢铵15～20千克，施用方法最好开沟深施，施后覆土。对于缺磷的麦田，可每亩施10～15千克过磷酸钙，磷肥因不易移动不能撒施地表，必须开沟施在根系附近。

小麦从拔节到抽穗是生长发育最旺盛的时期，吸肥量大，需肥最多，满足这一时期的养分供应，是小麦高产的关键。拔节、孕穗肥应该看苗巧施。对于生长不良的弱苗，群体偏小，每亩总茎蘖数不足 30 万，应早施拔节肥，提高分蘖成穗率，力争穗多、穗大。追肥量可占总施肥量的 10％～15％。每亩可用尿素 3～4 千克沟施或穴施。对于生长健壮的麦苗，由于群体适宜，穗数一般有保证，主要应攻大穗。因此，拔节期间应适当控制肥水，防止倒伏，待叶色自然褪淡，第一节间定长第二节间迅速伸长时，再水、肥同施，保花增粒，延长上部叶片功能期，又不至于使第一、第二节间过长。对于群体大，叶面积过大，叶色浓绿，叶宽大、下垂的旺苗，有倒伏危险，主要应控制水、肥，抑制后生分蘖，如有条件可以喷施矮壮素，矮化植株，壮秆防倒伏。

第八章　技能实践

第一节　土壤样品的采集

一、目的意义

土壤样品的采集是土壤分析工作的一个重要环节，要求采集有代表性的土壤。为了解土壤肥力状况，为制定配方施肥方案提供土壤养分数据，一般采集耕层土壤的混合样品。土壤是一个不均一体，影响不均一的因素很多，如地形、耕作、施肥等，特别是耕作施肥导致土壤养分分布不均匀，例如条施、穴施、起垄种植、深耕等措施，均能造成局部养分的差异，给土壤样品采集带来很大的困难。因此，必须按照一定的要求和方法步骤采集土壤样品。

二、仪器用具

小铁铲、取土钻、布袋或塑料袋、标签、铅笔、钢卷尺。

三、方法步骤

(一)采样时间

大田作物和蔬菜一般在收获后或整地施基肥前采集土壤样

品，果园一般在果实采摘后第一次施肥前采集土壤样品。

(二)选点与布点

1. 选点

采样点要避免在路边、沟边、田边、肥料堆底和特殊地形部位选点，以减少土壤差异，提高样品的代表性。

2. 布点

耕层混合土壤样品的采集必须按照一定的采集样品的路线和“随机”、“多点”、“均匀”的原则进行。布点形式以“S”形(图 8－1)较好。只有在地块面积小、地形平坦、肥力比较均匀的情况下，才用对角线采样或棋盘式采样。

采样点的数量根据采样地块的大小和土壤肥力差异情况而定，一般 10～20 个点。

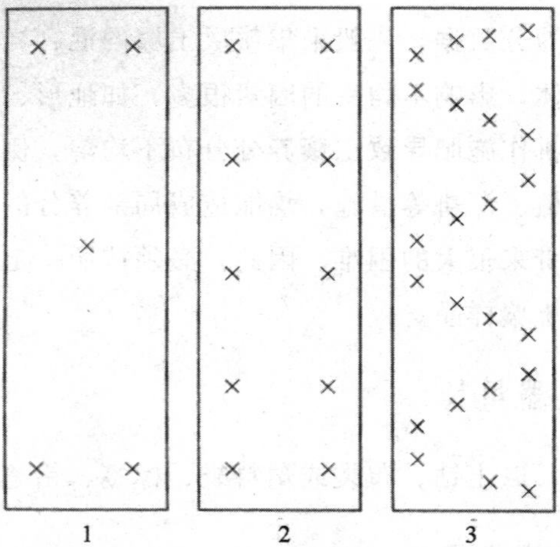

图 8－1　土壤采样的方式

注：1 和 2 是不正确的，3 是正确的

（三）采土

1. 采样工具

普通土钻，管形土钻，小土铲(图 8－2)。

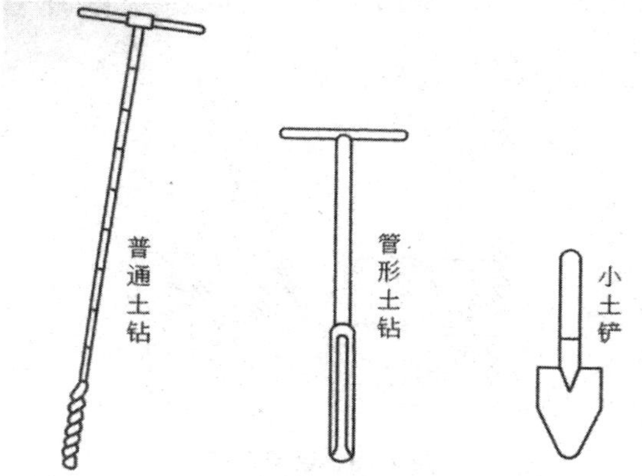

图 8－2　取土工具

2. 采样深度

采样深度根据不同作物的根系深度来确定，一般为 0～20 厘米，特殊情况下可采集 0～30 厘米。

3. 采样方法

在确定的采样点上，首先应除去地面落叶杂物，并将表土 2～3 毫米刮去。

铁铲采样：挖 20～30 厘米深的坑，沿着切断面均匀地铲出一薄层土(图 8－3)。

土钻采样：打土钻时要垂直插入土内然后将采集的各点样品集中起来，混合均匀。每一点采取的土壤，深度要一致，上下土体要一致。

4. 样品的数量

每个混合样品的重量，一般 1 千克左右即可。土样过多时，可将全部土样放在盘子或塑料布上，用手捏碎混匀后，再用四分法(图 8－4)将多余的土弃去，直至达到所需数量为止。

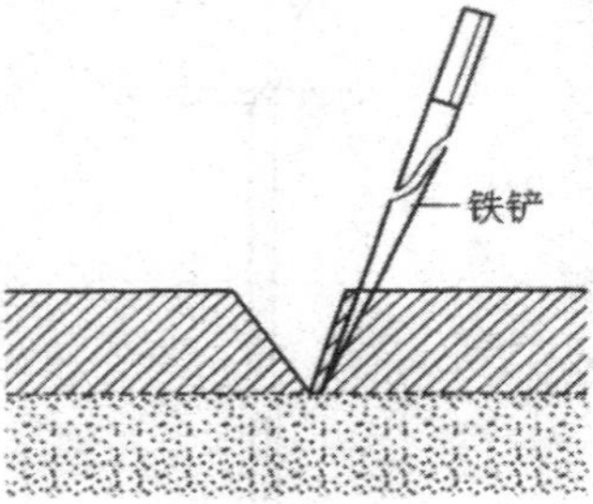

图 8－3　铁铲采样

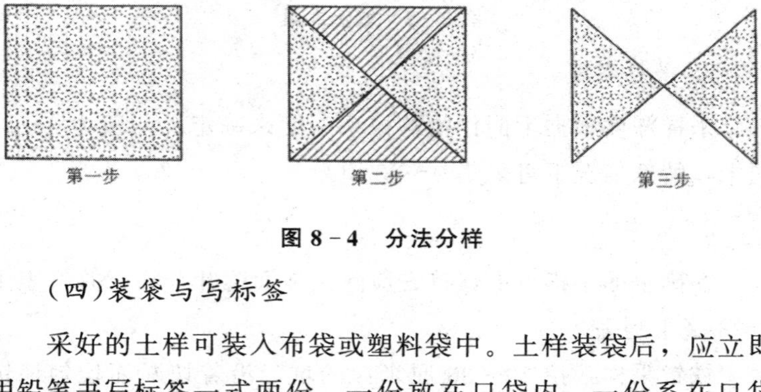

图 8－4　分法分样

(四)装袋与写标签

采好的土样可装入布袋或塑料袋中。土样装袋后，应立即用铅笔书写标签一式两份，一份放在口袋内，一份系在口袋外。标签的内容：农户姓名、采样地点、作物种类、采样时间等。

四、果园土壤的采样

果园土壤采样一般在秋季采收后、土壤封冻前或开春的3月初进行。原则是随机、多点覆盖整个果园，每个果园不少于10个点，以每棵树为一个点，“S”形布点。由于果树根系在土壤中分布的不均匀性对土壤采样提出更高的要求。

在果树滴水线(树冠投影线)周围30～40厘米是根系密集分布区域，因此土壤采样需要在此区域进行。在所选的每棵树的周围，在其滴水线内外30～40厘米圆周范围，分4个方向采集8个点，深度为0～30厘米，将全园80个点的土样混合为1个，四分法分样后装袋，1千克左右。果树土壤采样位置图见图8-5、图8-6。

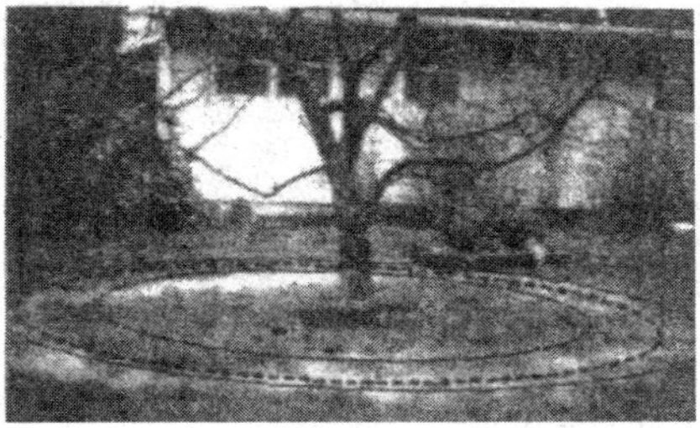

图8-5　果树土壤采样位置图

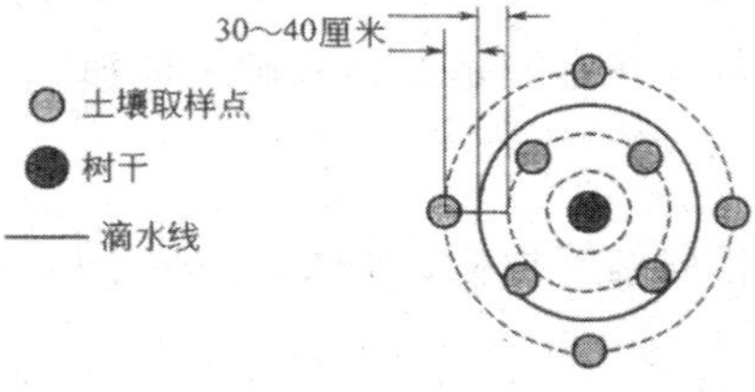

图8-6　果树土壤采样位置俯视图

第二节 肥料施用量试验

一、目的意义

通过肥淋施用量试验，初步掌握田间试验的基本方法和进行试验研究的综合技能，为配方施肥和拟定作物适宜施肥量提供依据。

二、试验设计

1. 试验材料

供试作物___苹果___供试肥料______

2. 试验处理

试验设 5 个处理：

处理 1　不施肥

处理 2　肥底(有机肥)

处理 3　肥底(有机肥)＋施肥量 1

处理 4　肥底(有机肥)＋施肥量 2

处理 5　肥底(有机肥)＋施肥量 3

施肥量 2 为上一年的施肥量，施肥量 1 在施肥量 2 的基础上减少，施肥量 3 在施肥量 2 的基础上增加。

3. 试验小区

选择长势相同的苹果树，3 株为一个小区，3 次重复。

4. 排列方式

采用随机排列，小区中间要留出保护行。

5. 田间管理

施肥的种类、数量和日期，病虫害发生与防治，灌溉等。每个小区除了施肥量不同外，其他的管理措施必须完全相同。

三、观察记载

1. 果树生长情况

定期观察果树枝条的生长情况，叶片的颜色、大小等。

2. 产量和品质

产量记载表见表 8-1。

品质特征主要有果实的颜色、形状，果实口感风味等。

表 8-1 产量记载表

处理	重复 1	重复 2	重复 3
1			
2			
3			
4			
5			

第三节 肥料施用情况记录

一、目的和意义

在蔬菜和果园生产中，按照要求记录肥料施用情况，目的在于充分了解肥料施用的时间、数量和种类，以便于分析肥料施用中存在的问题，有利于建立肥料施用档案，并可为配方施肥方案的制订提供参考。

二、记录方法

对你种植的蔬菜或果园，按照表 8－2、表 8－3、表 8－4 的要求记录肥料的施用情况。

表 8－2　蔬菜肥料施用情况记录表

______年

<table>
<tr><td colspan="2">农户：×××</td><td>地块：</td><td colspan="2">地点：××市××乡××村</td><td>面积：</td><td>设施种类：</td></tr>
<tr><td colspan="2" rowspan="4">轮作方式</td><td rowspan="2">第一茬</td><td colspan="3">蔬菜一：</td><td rowspan="2">产量：</td></tr>
<tr><td>定植时间：</td><td colspan="2">收获时间：</td></tr>
<tr><td rowspan="2">第二茬</td><td colspan="3">蔬菜二：</td><td rowspan="2">产量：</td></tr>
<tr><td>定植时间：</td><td colspan="2">收获时间：</td></tr>
<tr><td rowspan="8">施肥情况</td><td rowspan="4">蔬菜一</td><td>肥料种类</td><td></td><td colspan="2"></td><td></td></tr>
<tr><td>数量</td><td></td><td colspan="2"></td><td></td></tr>
<tr><td>时期</td><td></td><td colspan="2"></td><td></td></tr>
<tr><td>方法</td><td></td><td colspan="2"></td><td></td></tr>
<tr><td rowspan="4">蔬菜二</td><td>肥料种类</td><td></td><td colspan="2"></td><td></td></tr>
<tr><td>数量</td><td></td><td colspan="2"></td><td></td></tr>
<tr><td>时期</td><td></td><td colspan="2"></td><td></td></tr>
<tr><td>方法</td><td></td><td colspan="2"></td><td></td></tr>
</table>

表 8－3　果园肥料施用情况记录表

______年

<table>
<tr><td>农户：</td><td>地块：</td><td>地点：</td><td>面积：</td><td>株数：</td></tr>
<tr><td colspan="2">果树种类：</td><td>树龄：</td><td colspan="2">产量：</td></tr>
<tr><td>施肥次数</td><td>施肥 1</td><td>施肥 2</td><td>施肥 3</td><td>施肥 4</td></tr>
<tr><td>施肥时期</td><td></td><td></td><td></td><td></td></tr>
<tr><td>肥料种类及数量</td><td></td><td></td><td></td><td></td></tr>
<tr><td>施肥方法</td><td></td><td></td><td></td><td></td></tr>
</table>

表 8-4 化肥的基本情况

化肥名称	品牌及产地	养分含量	备注

第四节 常用化肥的简易识别

一、目的意义

化学肥料的种类繁多，不同化肥其有效成分、性质、作用与施肥技术各不相同，为了避免因误用而造成的损失，有必要进行简便易行的定性鉴定。

二、识别方法

根据化学肥料的外观性状（颜色、结晶程度）、物理性质（气味、溶解度）和燃烧反应等加以鉴别，可以定性鉴定肥料的种类（表 8-5）。

表 8-5 化学肥料的定性鉴定

肥料性状	碳酸氢铵	硫酸铵	氯化铵	尿素	氯化钾	硫酸钾	硝酸铵	过磷酸钙
颜色	白	白	白	白	白或红色	白或灰白	白	灰白
外观	颗粒或结晶	颗粒或结晶	颗粒或结晶	颗粒	颗粒或结晶	颗粒或结晶	颗粒或结晶	粉末
溶解性	溶解	溶解	溶解	溶解	溶解	溶解	溶解	部分溶解
气味	氨味	无味	无味	无味	无味	无味	无味	酸味
灼烧现象	大量冒白烟、有氨臭、无残渣	冒白烟、有氨味和刺鼻的二氧化硫味，残留物冒黄泡	冒白烟、有氨臭、无残渣，但有酸味	迅速熔化、冒白烟，取一玻片接触白烟时有白色结晶出现	铁片上无变化，跳动或有爆裂声	铁片上无变化，跳动或有爆裂声	遇火迅速熔化、冒泡、出现沸腾状、有氨味	不燃烧、无变化

（一）外表观察

主要看肥料的外表和结晶状态、吸湿性、气味。氮肥和钾肥一般为白色颗粒或结晶，如碳酸氢铵、硝酸铵、硫酸铵、尿素、氯化钾、硫酸钾、磷酸二氢钾、硝酸钾等。磷肥一般为粉末状或颗粒状，灰白色或灰黑色，如磷酸二铵、过磷酸钙、重过磷酸钙、钙镁磷肥、磷矿粉等。

（二）加水溶解

取各种化肥约 1 克放入试管中，摇动数分钟，观察其溶解状况。全部溶解的是碳酸氢铵、硝酸铵、硫酸铵、尿素、氯化钾、硫酸钾、磷酸二氢钾、硝酸钾；部分溶解的有磷酸铵、过磷酸钙、重过磷酸钙；不溶解的有钙镁磷肥、磷矿粉等。

（三）灼烧法

将肥料放在小铁片上，在火上燃烧，可根据助燃性、熔融状况、烟味、残留物情况区别出几种肥料。

①大量冒白烟、有氨臭、无残渣，为碳酸氢铵。

②大量冒白烟、有氨臭、无残渣、但有酸味，为氯化铵。

③大量冒白烟、有氨味和刺鼻的二氧化硫味，残留物如冒黄泡，为硫酸铵。

④遇火迅速熔化、冒白烟，取一玻片接触白烟时有白色结晶出现，为尿素。

⑤遇火迅速熔化、冒泡、出现沸腾状、有氨味，为硝酸铵。

⑥在火上不燃烧、无变化，为过磷酸钙、钙镁磷肥、磷矿粉。

⑦在铁片上无变化(不燃烧、不熔化、不分解)，跳动或有爆裂声，在无色火焰上发出浅黄夹带紫色光，可能是钾肥。

主要参考文献

[1]云南省农家书屋建设工程领导小组. 科学测土与配方施肥. 昆明：云南科学技术出版社，2009.

[2]劳秀荣，杨守祥，贾继文. 经济作物测土配方施肥技术百问百答. 北京：中国农业出版社，2010.

[3]童军. 测土配方施肥补贴项目操作指南. 武汉：湖北科学技术出版社，2009.

[4]鲁剑巍. 测土配方与作物配方施肥技术. 北京：金盾出版社，2008.

[5]高祥照，马常宝，杜森. 测土配方施肥技术. 北京：中国农业出版社，2007.